Vectorworks interiorcad
Grundlagen für die Holztechnik

von
Gerolf Stein

W0194645

Handwerk und Technik · Hamburg

ISBN 978-3-582-03406-9

Verlag Handwerk und Technik GmbH, Lademannbogen 135, 22339 Hamburg;

Postfach 630500, 22331 Hamburg – 2012

Internet: www.handwerk-technik.de
E-Mail: info@handwerk-technik.de

Umschlagmotiv: Gerolf Stein, 61118 Bad Vilbel; Fotolia Deutschland, Berlin © www.fotolia.de: ©KB, © Sergey Rusakov
Layout und Satz: Reemers Publishing Services GmbH, 47799 Krefeld
Druck und Verarbeitung: Elbe Druckerei Wittenberg GmbH, 06886 Wittenberg

So arbeiten Sie am besten mit diesem Buch

Vectorworks interiocad (Version 2012) ist ein professionelles CAD-Programm, mit dem Zeichnungen aus unterschiedlichen Anwendungsbereichen erstellt werden können.

Diese detaillierten Anleitungen sind besonders geeignet für die Ausbildung zur Tischlerin/zum Tischler sowie zur Holzmechanikerin/zum Holzmechaniker. Alle Übungen beziehen sich auf Lernfelder des Fachunterrichts.

Die Zeichenaufgaben bzw. –vorschläge führen Schritt für Schritt in das Programm ein. Sie sollen den Unterricht nicht ersetzen. Es gibt zwei Möglichkeiten, mit diesem Buch zu arbeiten:

- Sie können sich selber Aufgaben stellen bzw. Aufgaben aus dem Berufsschulunterricht mit Vectorworks interiorcad bearbeiten und das Buch mithilfe des Stichwortverzeichnisses als Nachschlagewerk verwenden.

- Sie können die Übungen nacheinander abarbeiten und sich so die Grundlagen aneignen.

Für den Anfang ist es empfehlenswert, die ersten Übungen in der vorgegebenen Reihenfolge zu bearbeiten. Später können Sie diese dann durch eigene Aufgaben ergänzen oder ersetzen.

Die Aufgaben im Kapitel 4 „Komplexe Werkstücke" bereiten auf die **Gesellenstückzeichnung** vor. Hier sind die wesentlichen für ein Gesellenstück geforderten Bauteile erfasst.

Kapitel 5 „Korpusgenerator" geht hierüber hinaus und bildet den Übergang zur professionellen Auftragserfassung und -vorbereitung.

Zum Einzeichnen der **Schraffuren** bieten wir Ihnen eine Vorgabedatei zum kostenlosen Download **www.handwerk-technik.de** an. Die Datei befindet sich unter dem Menüpunkt Service im Bereich Downloads.

Die Buchstaben der Tastenkombinationen sind großgeschrieben und werden als Kleinbuchstaben eingegeben.

Die angegebenen Maßstäbe in den Abbildungen und technischen Zeichnungen sind nicht immer maßstabsgetreu dargestellt.

Damit Sie auch zu Hause üben können, sollten Sie sich das Programm auf einem eigenen Rechner installieren. Für die Zeit Ihrer Ausbildung können Sie es auf folgender Seite kostenlos herunterladen, Sie benötigen lediglich eine Schulbescheinigung:

www.extragroup.de/interiorcad/schulen

Autor und Verlag wünschen viel Erfolg bei der Arbeit mit diesem Buch.

Gerolf Stein

Inhalt

1 Einführung in das CAD-Programm „Vectorworks"

1.1 Grundeinstellungen

Vectorworks bietet die Möglichkeit, individuelle Bildschirm-, Programm- und Dokumenteinstellungen vorzunehmen und zu speichern.

Bildschirmeinstellungen

Nach dem ersten Programmstart öffnet sich folgender Bildschirm:

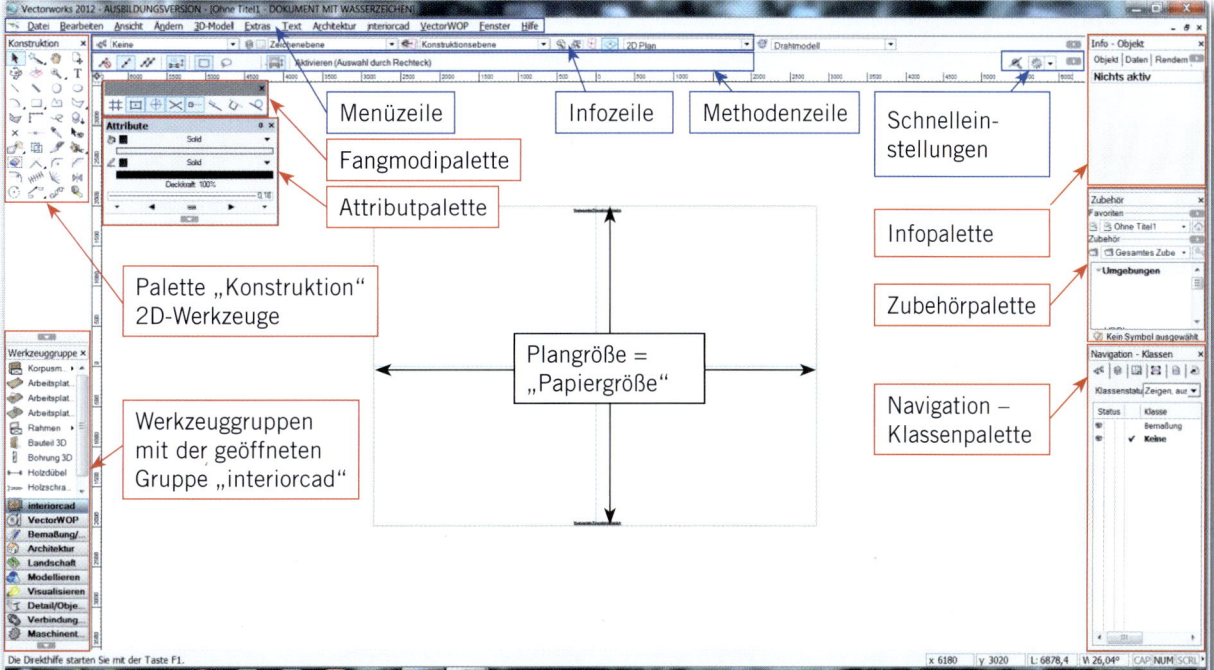

Sie sehen, der Bildschirm ist ziemlich voll, aber keine Angst, wir brauchen nicht alles. Die Paletten, also die unterschiedlichen „Werkzeugkästen", kann man einfach schließen und bei Bedarf wieder öffnen.

Die Paletten, die in den ersten Übungen oder immer gebraucht werden, sind im Folgenden kurz erklärt:

- Palette „Konstruktion"
  Hier finden Sie Werkzeuge zum 2D-Zeichnen, also z. B. Geraden, Kreise, Rechtecke usw., aber auch Werkzeuge zum Verändern wie z. B. „Wegschneiden". Sie können sich die Werkzeuge als Icons (Bilder), als Text oder als Icons und Text anzeigen lassen. Für den Anfang sind Icons und Text empfehlenswert. Die Einstellungsauswahl können Sie mit einem Klick auf den unteren Pfeil öffnen.

- Palette „Werkzeuggruppen"
  Für unterschiedliche Arbeiten braucht man unterschiedliche Werkzeuge, nicht nur im Zeichnen. In den „Werkzeugkästen" finden Sie für bestimmte Aufgaben die nötigen Werkzeuge.

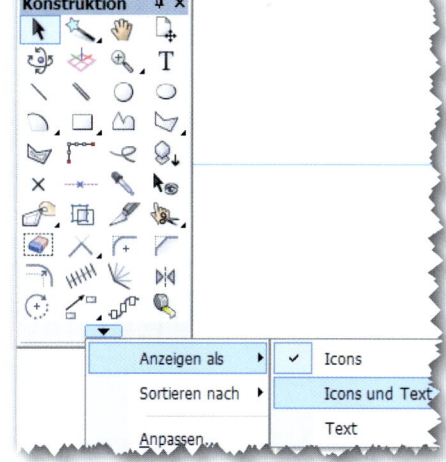

- Palette „Fangmodi"
  In dieser Palette stellen Sie ein, welche Konstruktionspunkte von
  Vectorworks „eingefangen" werden sollen. Die aktiven Fangmodi sind
  blau hinterlegt.

- „Infopalette"
  Hier werden wichtige Informationen über das aktive Objekt angezeigt. Diese Palette sollte immer geöffnet sein.

Alle übrigen Paletten können Sie schließen. Sie können sie sich bei
Bedarf wieder einblenden lassen.

Programmeinstellungen

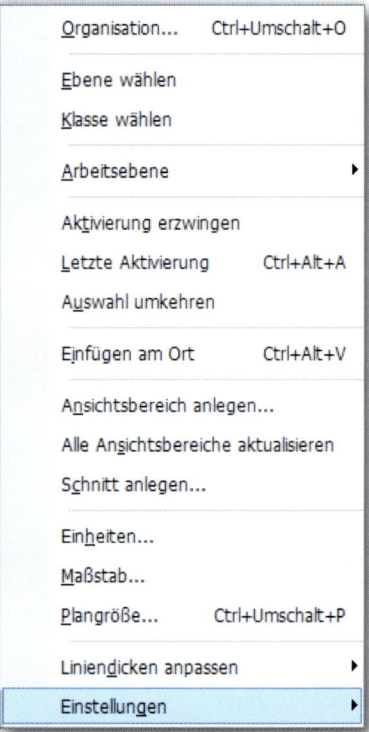

Für die Arbeit in der Schule empfiehlt es sich, die abgebildeten Einstellungen für das Programm zu übernehmen. Selbstverständlich können
sie jederzeit verändert werden. Die Einstellungen auf den Schulrech-
nern sollten vor Beginn des Zeichnens kontrolliert werden und nur nach
Rücksprache mit der Lehrkraft verändert werden.

Über das Menü „Extras" – „Programm Einstellungen" – „Programm"
gelangen Sie zu den Eingabemasken. Alles, was Sie hier einstellen, wird
für alle Zeichnungen angewandt. Es lohnt sich also, ein paar Minuten
zu investieren. Ebenso über das Menü „Extras" wählen Sie bitte unter
„Arbeitsumgebungen" „interiorcad".

Die folgenden Bilder zeigen die Einstellungen, die übernommen werden
sollten.

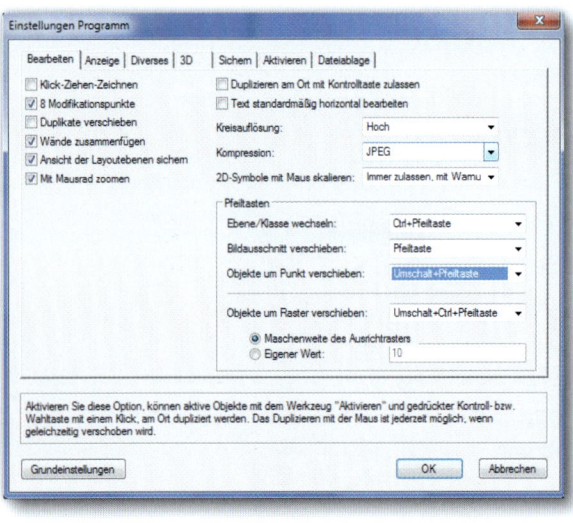

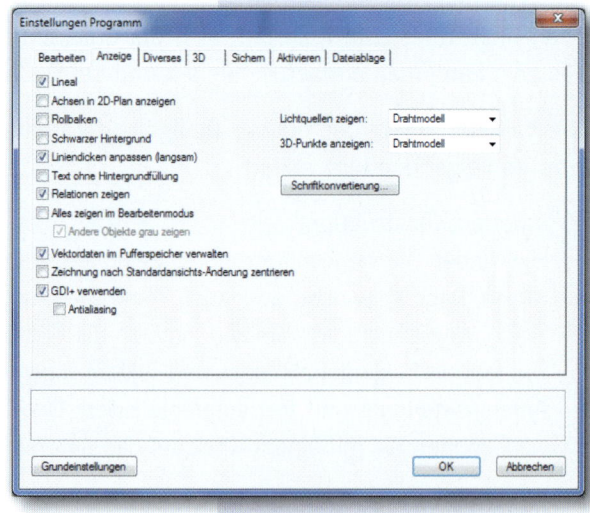

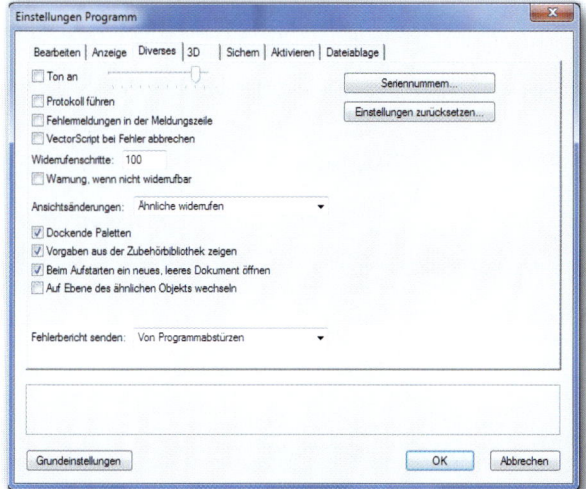

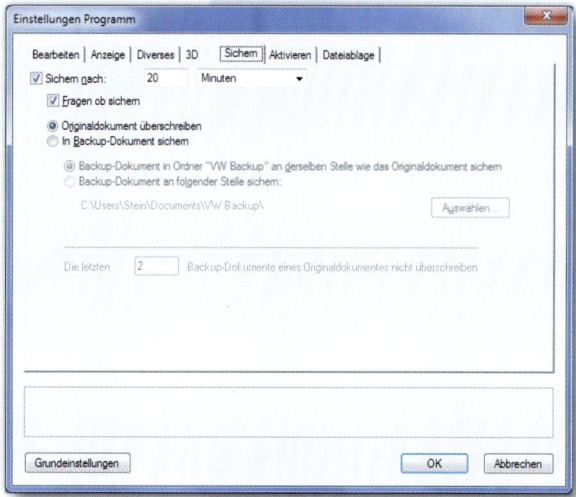

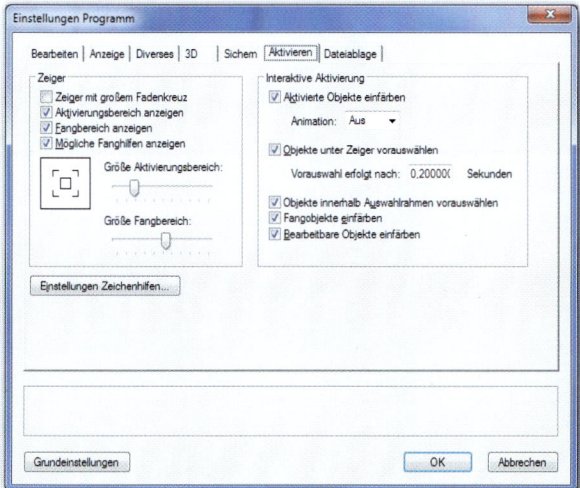

Die Programmeinstellungen stehen jetzt bei jedem Aufruf von Vectorworks zur Verfügung.

Fangeinstellungen

Auch diese Einstellmöglichkeiten finden Sie im Menü „Extras". Hier sollten nur bei „Raster" Veränderungen vorgenommen werden. Die Einstellung eines Rasters erleichtert die Übersicht, ist aber nicht unbedingt notwendig.

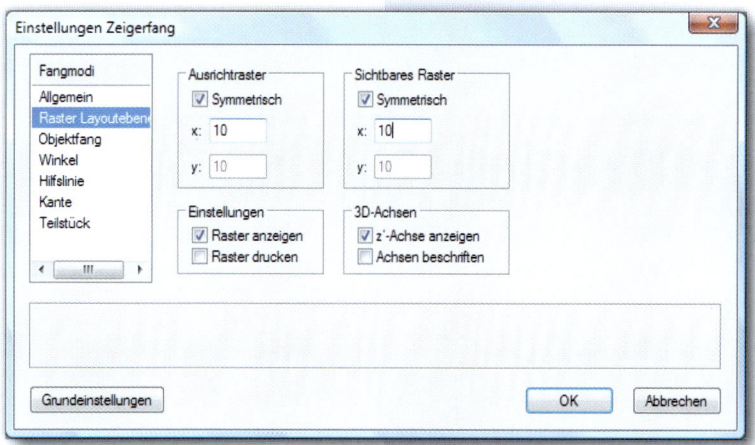

Dokumenteinstellungen

Mit einem Klick der rechten Maustaste gelangen Sie zu den abgebildeten Einstellmöglichkeiten.

Einheiten

Die Einstellungen für die Einheiten sollten übernommen werden.

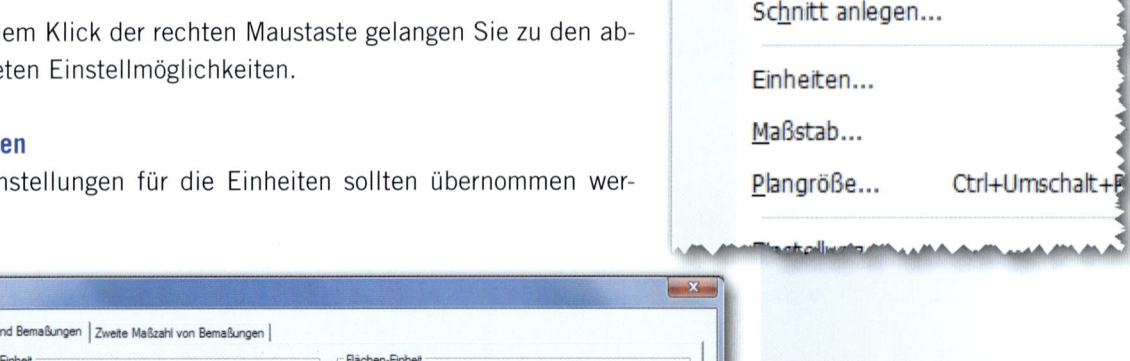

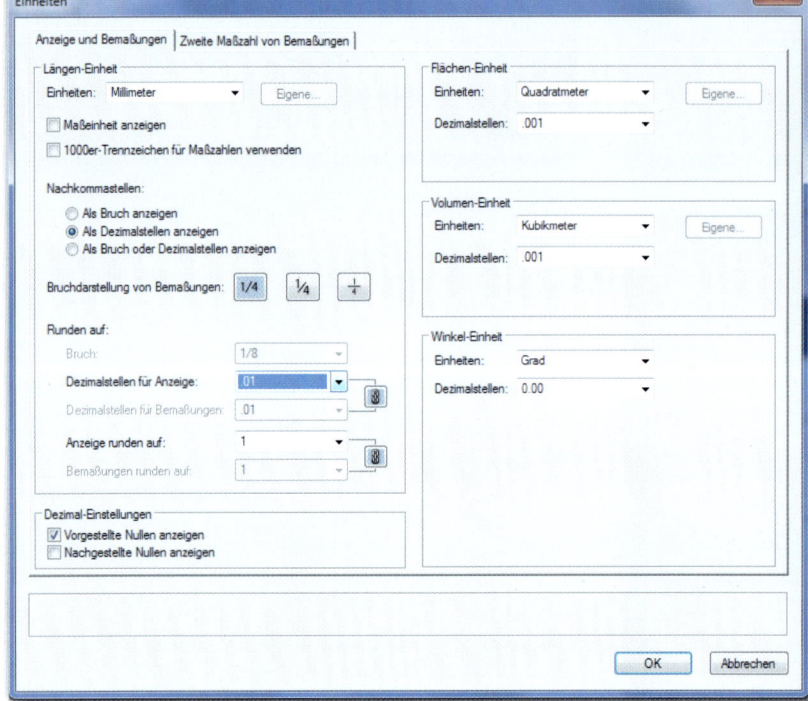

Maßstab

Zumindest für die ersten vorgeschlagenen Zeichnungen empfiehlt sich der Maßstab 1:1. Bei größeren Zeichenobjekten kann dann ein anderer Maßstab gewählt werden.

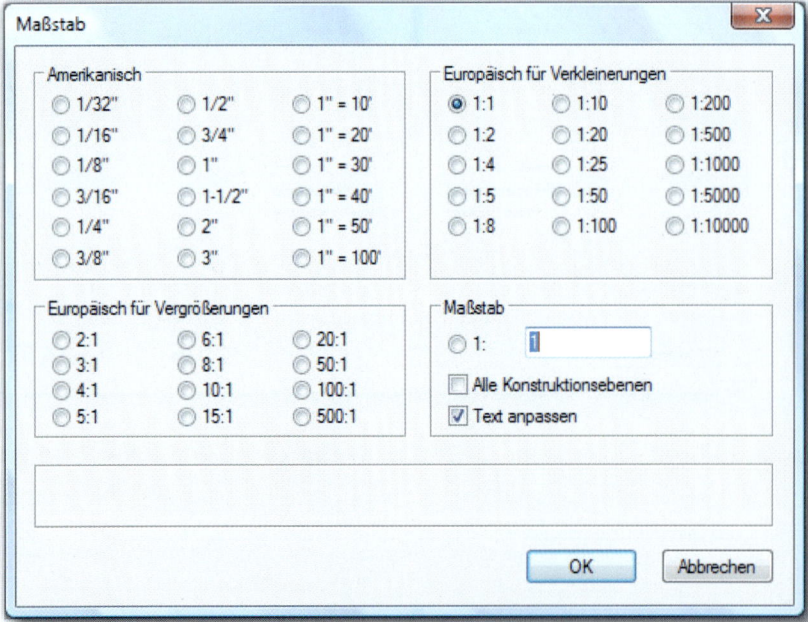

Plangröße

Unter Plangröße versteht man die gedachte Größe des „Zeichenblatts" auf dem Bildschirm.

Dies muss nicht der Papierblattgröße entsprechen, diese ist abhängig vom angeschlossenen Drucker oder Plotter. Allerdings wird, wenn die Papiergröße kleiner als die Plangröße ist, die Zeichnung auf mehrere Seiten gedruckt. Diese Seiten werden in Vectorworks als blaue Linien dargestellt.

Die Voreinstellung ist hier im Beispiel Plangröße = Papiergröße, in diesem Fall DIN A4 quer. Der bedruckbare Bereich ist druckerabhängig und wird in den Feldern „Breite" und „Höhe" angezeigt. Diese Werte sollte man nicht verändern.

Für die meisten Zeichnungen wird das zu klein sein. Deshalb muss man die Plangröße verändern. Es empfiehlt sich jedoch, ein DIN-Format zu wählen.

Das Beispiel rechts zeigt die Einstellung für ein DIN-A3-Format. Durch die Eingabe der Seiten „Horizontal 2" und „Vertikal 1" wird nur der bedruckbare Bereich angezeigt. Die Druckereinstellung (Seite einrichten) ist auf DIN-A4-hochkant eingestellt. Auf der Zeichenfläche sind die beiden Blätter erkennbar.

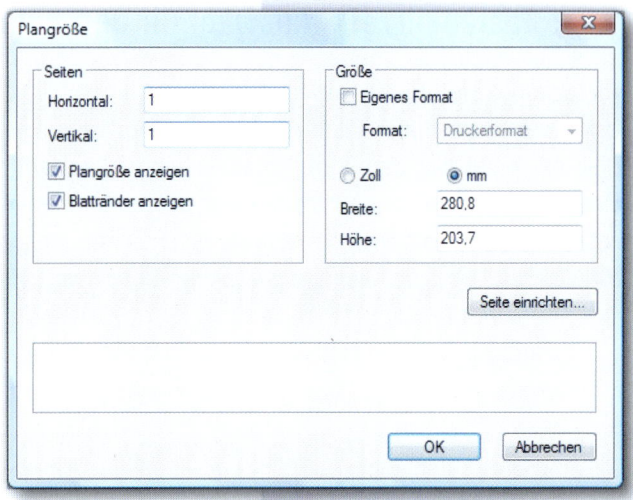

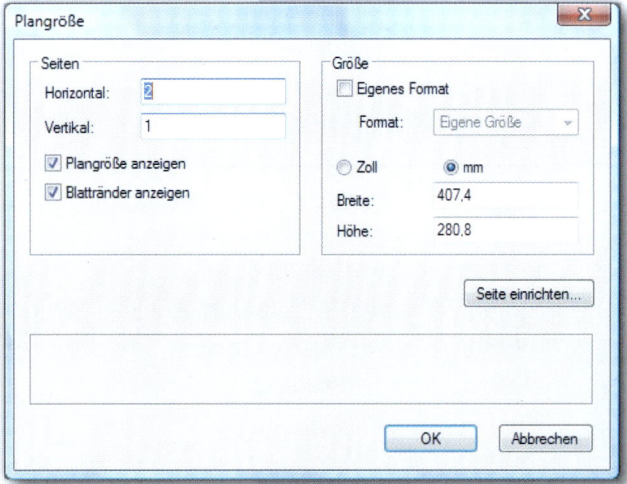

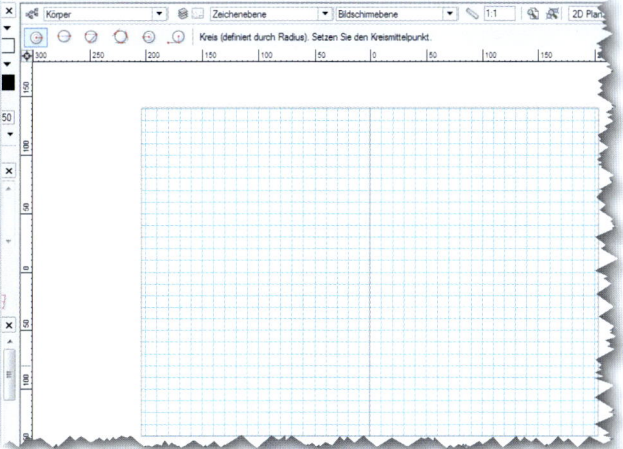

1.2 Tastenkürzel – Auswahl für den Anfang

Vectorworks bietet, wie andere Programme auch, die Möglichkeit, Befehle über Tasten oder Tastenkombinationen (Tastenkürzel) einzugeben. Dies hat nicht nur den Vorteil, dass es schneller geht, es ist auch weniger ermüdend und schützt vor einer schmerzhaften Sehnenscheidenentzündung. Es empfiehlt sich, wenigstens mit einigen Tastenkürzeln zu arbeiten. Ein paar kennen Sie sicher schon aus anderen Windows-Programmen. Die Buchstaben sind hier zur besseren Lesbarkeit großgeschrieben, die Tastenkürzel verwenden Sie bitte mit Kleinbuchstaben.

X	Aktivieren / Werkzeug verlassen
STRG + S	Sicherung
STRG + A	Alles markieren
STRG + C	Kopieren (Zwischenablage)
STRG + V	Einfügen (aus Zwischenablage)
STRG + ALT + V	Einfügen am Ort (gleiche Koordinaten)
STRG + X	Ausschneiden (und in Zwischenablage kopieren)
STRG + M	2D verschieben
STRG + F	In den Vordergrund schicken (Front)
STRG + B	In den Hintergrund schicken (Back)
STRG + Z	Zurück
STRG + Y	Wiederherstellen
STRG + 4	Auf Plangröße zoomen
STRG + 5	2D-Plan
STRG + E	Tiefenkörper aufziehen
Y	Bildschirmlupe

In den einzelnen Übungen werden noch weitere Tastenkürzel genannt. Legen Sie sich eine Liste an und versuchen Sie möglichst viel mit Tastenkombinationen zu arbeiten.

Für die verwendeten Symbole gilt:

⇧	Umschalt = Shifttaste
↵	Entertaste

Von der Firma extragroup gibt es ein Mauspad mit Tastenkürzeln, das Sie über www.extragroup.de bestellen können.

2   2D-Zeichenaufgaben

2.1   Anlegen eines Zeichenblatts mit Schriftfeld

Zu einer ordentlichen Zeichnung gehört ein Schriftfeld. Bevor Sie mit der ersten Zeichenaufgabe beginnen, legen Sie sich ein Zeichenblatt mit Schriftfeld an, das mehrfach verwendet werden kann. Bei Vectorworks heißt so ein Blatt „Vorlage".[1]

Überprüfen und ändern Sie wenn nötig hierfür folgende Einstellungen:

- <Datei>, <Dokument Einstellungen> – Einheiten = **Millimeter**
- <Datei>, <Dokument Einstellungen> – Maßstab = **1:1**
- <Datei>, <Plangröße>, Seite einrichten, **A4, Hochformat**
- <Extras>, <Fangeinstellungen Zeiger>, beide Raster auf **x=5 setzen**

Zum Zeichnen brauchen Sie die Paletten **<Zeigerfang>, <Konstruktion>, <Attribute>** und **<Info>**. Sie können sie unter <Fenster>, <Paletten> einblenden und auf dem Bildschirm nach Ihren Wünschen platzieren.

Beim Aussehen des Vorlageblatts orientieren wir uns an den Zeichenblättern der Philipp-Holzmann-Schule. Selbstverständlich können Sie Ihr eigenes Schriftfeld gestalten.

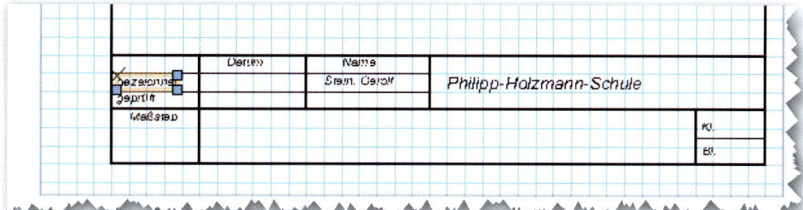

Aktivieren Sie das „Auswahlwerkzeug", indem Sie die Taste „⌧" drücken oder das Symbol in der Palette „Konstruktion" anwählen[2]. Wählen Sie in der Palette „Konstruktion" das Werkzeug „Rechteck" mit einem Doppelklick der linken Maustaste aus und geben Sie die Werte x=185 und y=285 ein (Je nach Drucker müssen diese Werte verändert werden). Die unteren x- und y-Werte lassen Sie unverändert, sie geben den Abstand vom Nullpunkt an. Wir platzieren das Werkstück manuell.

Die neun Punkte zeigen mögliche Festhaltepunkte. Hier in dem Bild ist der linke obere aktiv. Verändern Sie diesen Wert auf rechts oben.

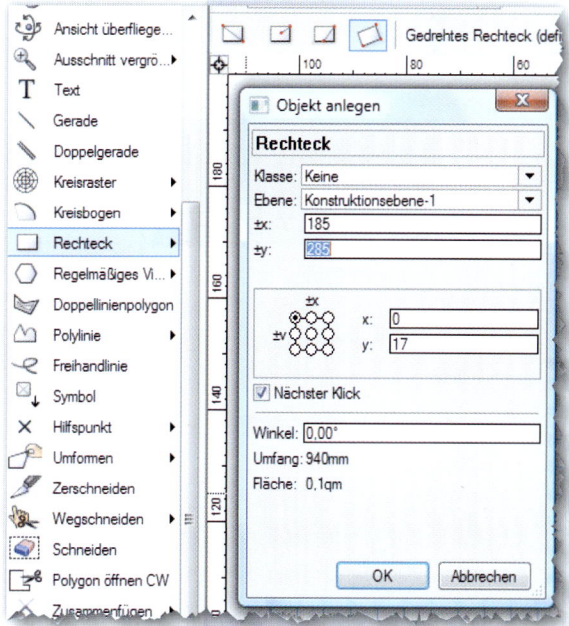

---

[1]   Für Besserwisser: Wie ein „richtiger" Plankopf angelegt wird, wird später erklärt.

[2]   Sie sollten versuchen, möglichst viel mit Tasten zu arbeiten. Die wichtigsten Kürzel werden in den Übungen genannt.

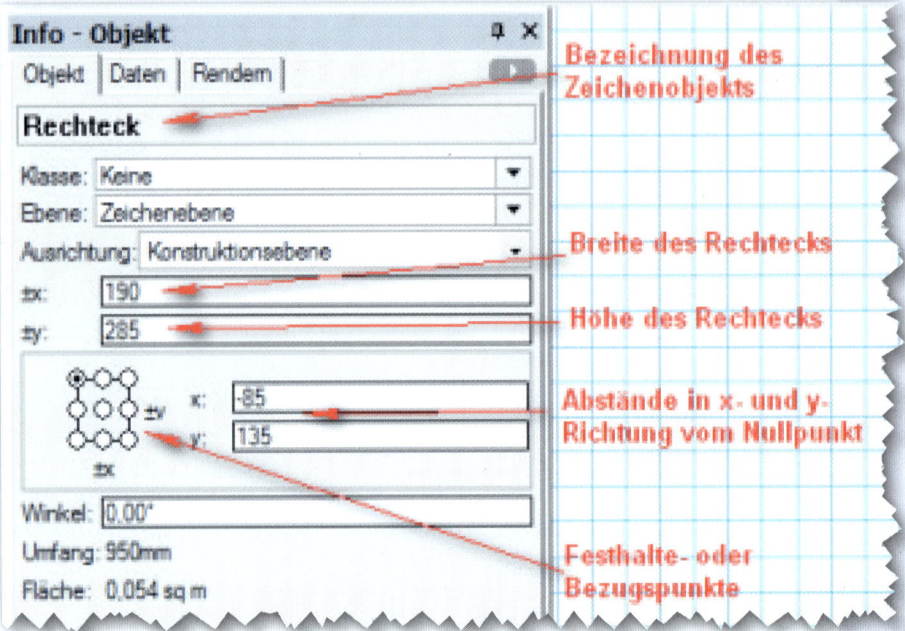

Platzieren Sie nun Ihr Rechteck 5 mm links vom rechten Zeichenblatt-rand. Da das Rechteck eine gefüllte Fläche ist, überdeckt es das Raster. Möchten Sie das Raster sehen, verändern Sie in der Attributpalette den oberen Wert von „Solid" auf „Leer".

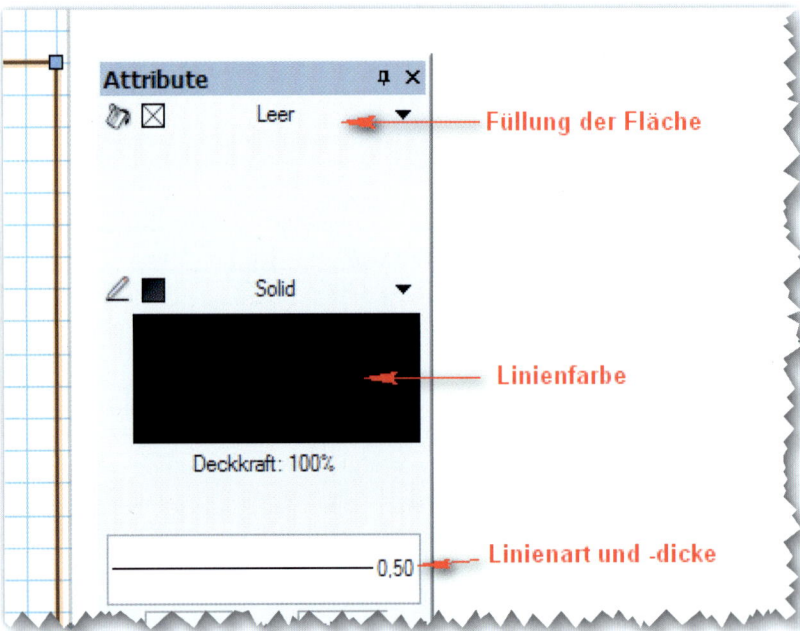

Aktivieren Sie Ihr Auswahlwerkzeug (X) und wählen Sie mit der Taste „2" oder in der Palette den Befehl "Gerade" und fügen Sie die fehlen-den Linien ein. Verändern Sie über „Attribute" soweit notwendig die Strichstärken.

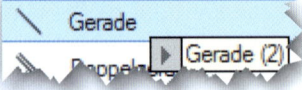

Mit dem Befehl „Text" aus der Konstruktionspalette (oder „1") können Sie nun noch die Beschriftung einfügen.

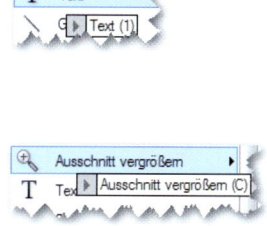

Zum genauen Platzieren des Textfelds sollten Sie den Ausschnitt vergrößern. Das geht am besten mit dem „Maus-

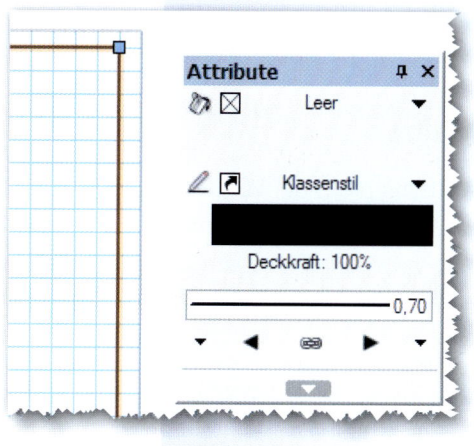

rad". Sie können aber auch den Befehl „Ausschnitt vergrößern" aus der Konstruktionspalette wählen.

Unter „Text", „Textformatierung" können Sie Schriftart, -größe und -ausrichtung festlegen, z. B. Arial 10 pt, kursiv.

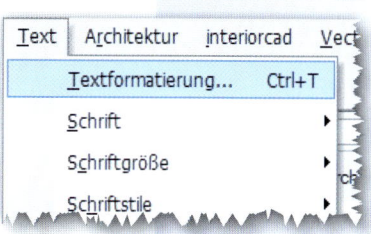

Ich habe Arial 10 pt und kursiv gewählt.

In der Infopalette können Sie für jedes Objekt die Werte verändern.

Das Schriftfeld sollte jetzt so wie unten dargestellt aussehen, wobei Sie statt „Philipp-Holzmann-Schule" Ihren Ausbildungsbetrieb angeben.

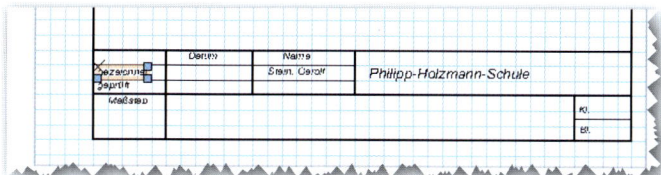

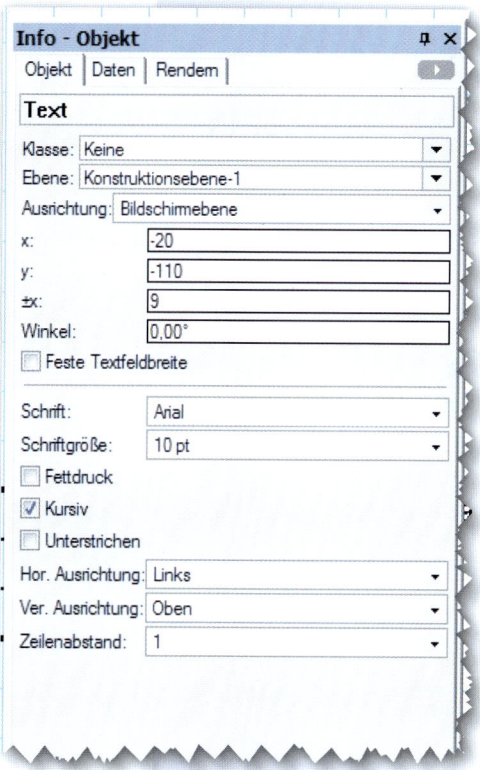

Wählen Sie alle Zeichenelemente Ihres Blattes an und fassen Sie sie zu einer Gruppe zusammen. „Alle anwählen" geht am besten mit ⌶STRG⌶ + ⌶A⌶ und „Zu einer Gruppe zusammenfassen" mit ⌶STRG⌶ + ⌶G⌶.

Speichern Sie nun Ihre Datei als Vorgabedatei!

Für einige Aufgaben benötigen wir Blattgrößen in A4 quer und A3 quer. Am besten legen Sie sich gleich die Vorgabedateien an.

2.2 Erste 2D-Zeichenübungen

Buchstütze

Diese Übung dient der Vertiefung und dem Festigen des Gelernten. Versuchen Sie möglichst eigenständig die Aufgabe zu lösen. Erst wenn Sie gar nicht mehr weiterwissen, fragen Sie die Lehrkraft.

Damit Sie später nachvollziehen können, wie Sie die Aufgabe gelöst haben, machen Sie sich Notizen zu den einzelnen Bildern. Dies sollten Sie sich grundsätzlich angewöhnen.

Insbesondere wenn Sie eigene Zeichenaufgaben lösen, vermeiden Sie doppelte Arbeit.

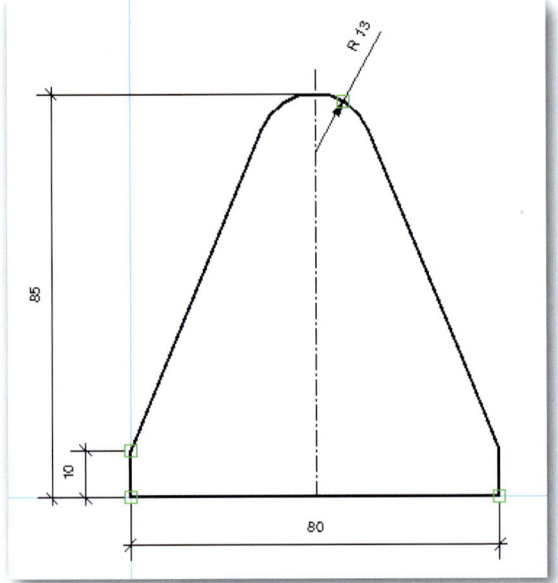

Der Ablauf ist hier in Stichworten erklärt, lediglich neue Arbeitsschritte werden ausführlich erläutert.

- Vorgabedatei mit Zeichenblatt öffnen.

- In der Attributpalette die Füllung auf „Leer" stellen.

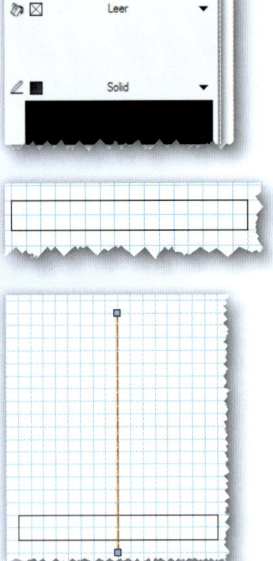

- Rechteck aufziehen.

- Mittellinie einzeichnen.

- Kreis mit Radius 12,5 mm zeichnen und mit „ STRG + M " verschieben.

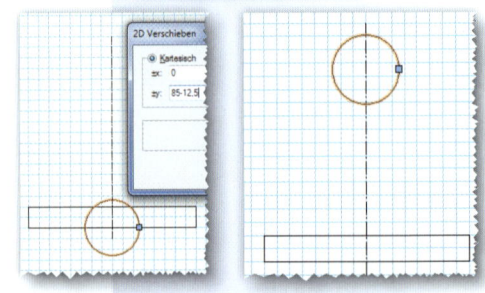

- Fang auf „Tangential ausrichten" stellen.

- Verbindungslinien zeichnen.

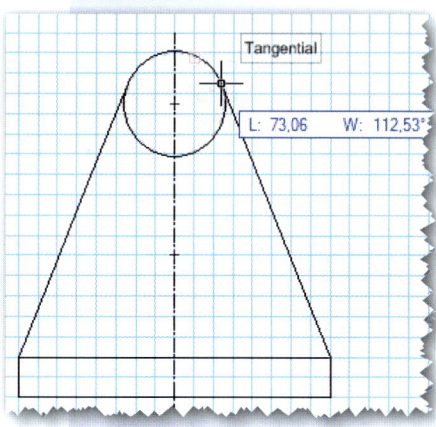

- Zeichnung bemaßen.
  Wählen Sie für die waagrechte und senkrechte Bemaßung in der Werkzeuggruppe „Bemaßung/Beschriftung" das Werkzeug „Bemaßung horizontal und vertikal" aus.
  Zum Bemaßen brauchen Sie jetzt nur noch den Anfangs- und den Endpunkt eines Objekts anzuklicken (achten Sie darauf, dass der Fangmodus eingeschaltet ist).
  Den Abstand der Maßlinie können Sie durch Drücken der Tabulatortaste bestimmen. Schließen Sie mit einem Doppelklick ab.

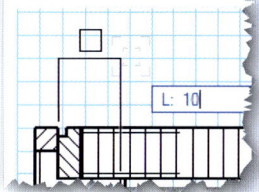

- Kreisbogen bemaßen.
  Wählen Sie für den Kreisbogen in der Werkzeuggruppe „Bemaßung/Beschriftung" „Bemaßung, Kreis". In der Methodenzeile wählen Sie die vierte Methode „Radius von außen bemaßt". Die Lage des Maßpfeils können Sie in der Infopalette verändern.

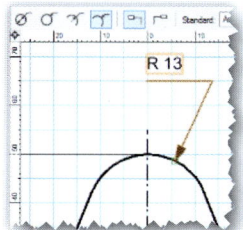

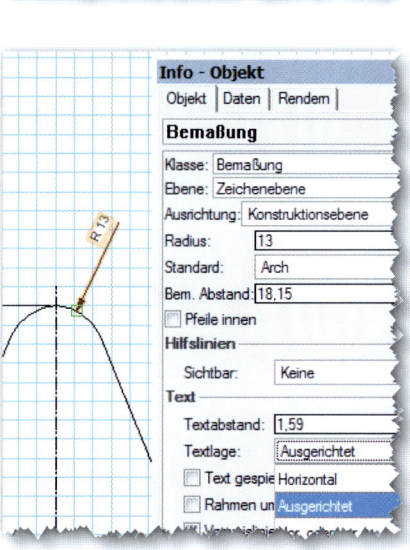

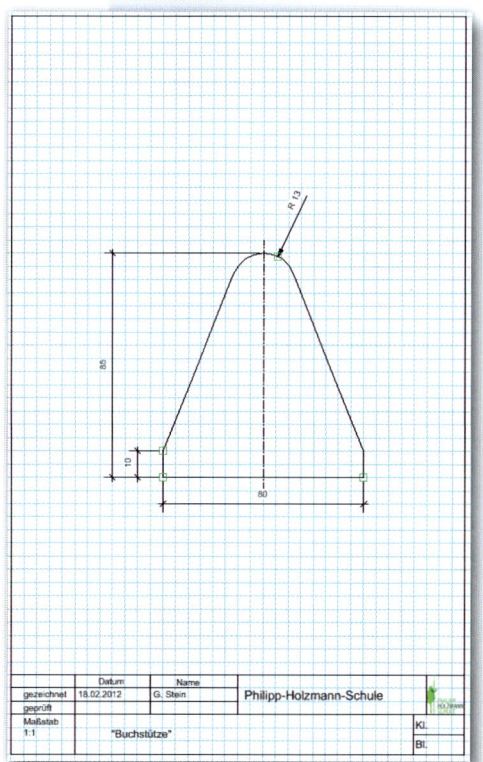

Kleeblatt

Auch diese Übung dient der Vertiefung und dem Festigen des Gelernten. Versuchen Sie wieder möglichst eigenständig die Aufgabe zu lösen und nur, wenn Sie gar nicht mehr weiterwissen, die Lehrkraft zu fragen.

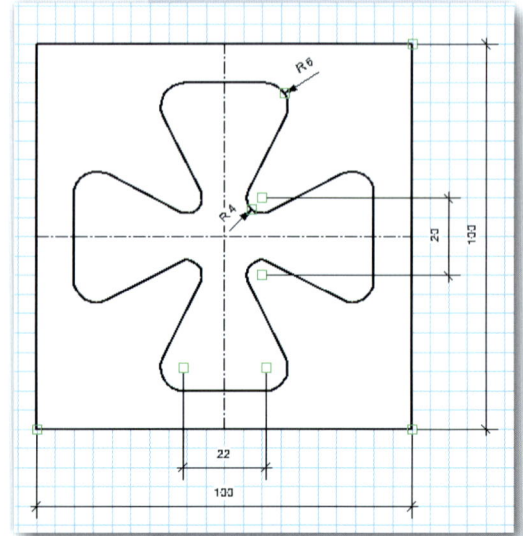

- Vorgabedatei mit Zeichenblatt öffnen.

- Quadrat mit Mittellinien zeichnen.

- Parallelen zur Außenkante ziehen. Den Befehl finden Sie im Konstruktionsmenü. Geben Sie den Abstand (10 mm) in der Methodenzeile ein.

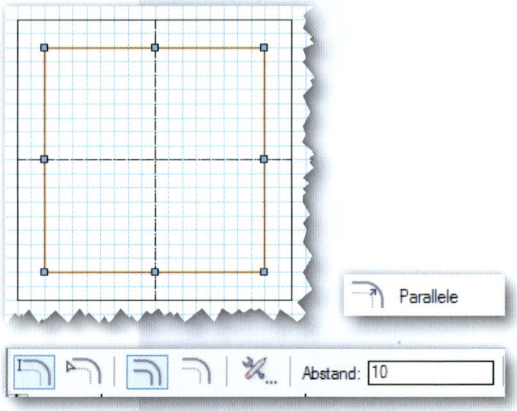

- Aktivieren Sie das Werkzeug „Kreis". Wählen Sie mit dem Mauscursor die linke untere Ecke des Quadrats an und drücken Sie die Taste „⏎ G ⏎". Sie legen hiermit einen temporären, also einen zweiten Nullpunkt an. Dieser Nullpunkt ist nur vorübergehend und dient als Konstruktionshilfe für das Zeichnen des nächsten Objekts.

  Drücken Sie die Tabulatortaste zwei Mal, geben Sie bei „x" und bei „y" jeweils „40" ein und bestätigen Sie mit „Enter". Platzieren Sie den Cursor auf dem Schnittpunkt der gestrichelten Linien, drücken Sie „Enter", tragen Sie den Radius des Kreises ein und bestätigen Sie.

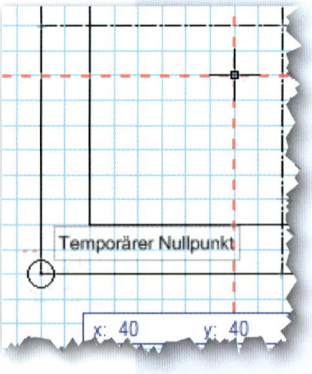

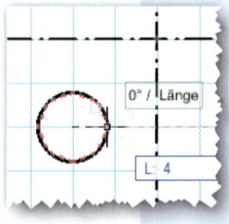

- Konstruieren Sie den unteren Kreis auf die gleiche Weise.

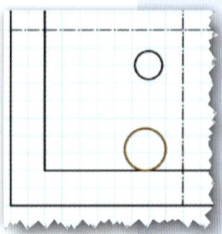

- Spiegeln Sie den zweiten Kreis diagonal nach links. Achten Sie darauf, dass „Original löschen" nicht eingeschaltet ist.

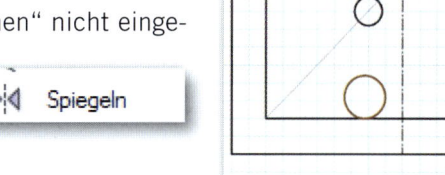

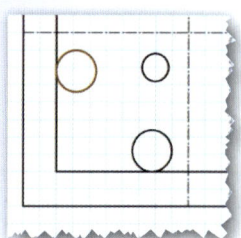

- Ziehen Sie eine Linie vom kleinen zum großen Kreis. Achten Sie darauf, dass die Anzeige „Tangential" erscheint.

- Spiegeln Sie die Linie nach links und schneiden Sie alle überflüssigen Linien weg, sodass nur ein Viertel der späteren Kontur stehen bleibt.

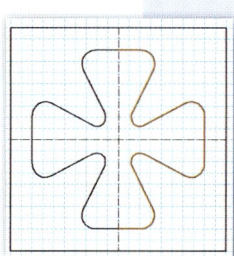

- Spiegeln Sie die Kontur drei Mal.

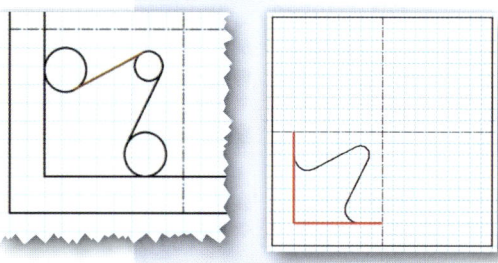

- Bemaßen Sie die Zeichnung.

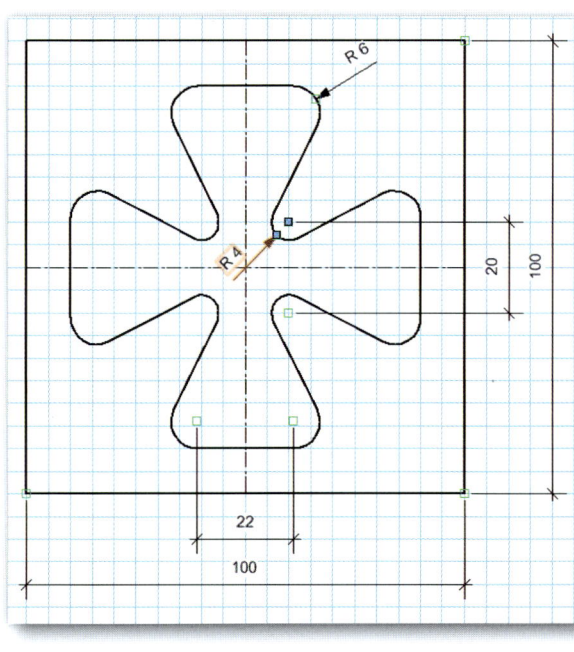

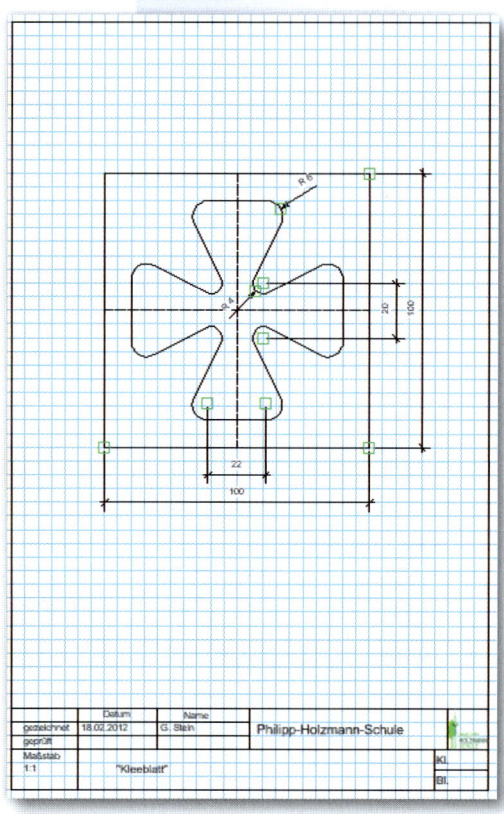

Quadreieck – Zeichnen von geometrischen Figuren

Ein Quadreieck-Puzzle ist ein Puzzle, das aus nur vier Teilen besteht, die Sie leicht aus z. B. Sperrholzresten herstellen können. Die vier Teile lassen sich sowohl zu einem gleichseitigen Dreieck als auch zu einem Quadrat zusammensetzen. Nachfolgend ein Konstruktionsvorschlag.

Öffnen Sie mit „ STRG + N " eine neue Datei und wählen Sie Ihre DIN-A4-quer-Vorlage aus.

Konstruktion eines gleichseitigen Dreiecks

Wählen Sie in der Palette „Konstruktion" das Icon „Polygon". Das Bild für „Polygon" hat rechts unten ein kleines schwarzes Dreieck. Dieses Dreieck ist ein Hinweis dafür, dass hier mehrere Funktionen verfügbar sind, die durch Drücken der rechten Maustaste geöffnet werden.

Drücken Sie die rechte Maustaste und wählen Sie „Regelmäßiges Vieleck" aus.

In der Methodenzeile am oberen Bildschirmrand können Sie auswählen, wie das Vieleck konstruiert werden soll. Aktivieren Sie das erste Symbol. Neben den Symbolen können Sie nun noch die Anzahl der Ecken festlegen, hier natürlich drei.

Positionieren Sie den Cursor in der Blattmitte, drücken Sie die Tabulatortaste, geben Sie die Werte L: 70 und W: 90 ein und bestätigen Sie mit Enter.

Unterteilen des Dreiecks

Die untere Linie des Dreiecks soll nun in vier gleiche Abschnitte geteilt werden.

Wählen Sie hierzu in der Konstruktionspalette das Werkzeug „Unterteilen". In der Methodenzeile finden Sie wieder mehrere Einstellmöglichkeiten. Wählen Sie die zweite von links „Ohne Leitlinie unterteilen", öffnen Sie das letzte Fenster und geben Sie die angegebenen Werte ein.

Kontrollieren Sie Ihre Fangeinstellungen, „Am Objekt ausrichten" und „An Winkel ausrichten" müssen eingeschaltet sein.

Ziehen Sie vom linken zum rechten Eckpunkt des Dreiecks eine Linie. Die Dreieckseite wird unterteilt.

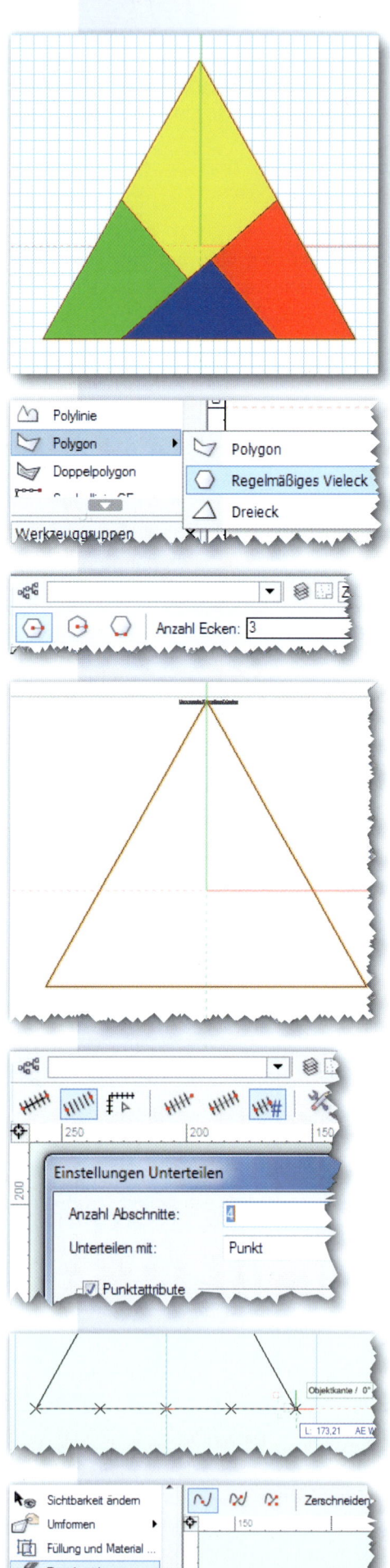

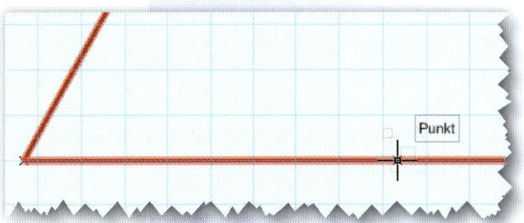

Herstellen der Puzzleteile

Wählen Sie das Werkzeug „Zerschneiden" und hier die erste Methode „Zerschneiden am angeklickten Punkt".

Bewegen Sie den Mauscursor auf den ersten Teilungspunkt zu. Die Kanten des Dreiecks leuchten jetzt rot auf und das Wort „Punkt" erscheint. Bestätigen Sie mit der linken Maustaste.

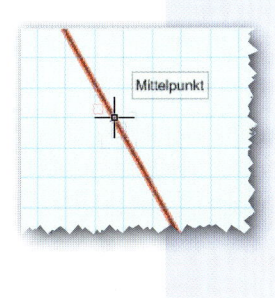
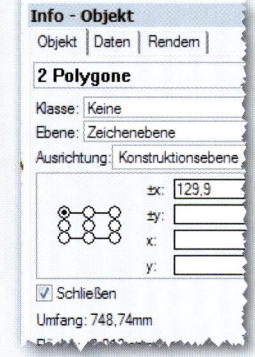

Bewegen Sie nun den Mauszeiger zur gegenüberliegenden Seite und klicken Sie, wenn die Linie rot aufleuchtet und das Wort „Mittelpunkt" erscheint.

In der Infopalette steht jetzt „2 Polygone". Setzen Sie ein Häkchen in das Feld „Schließen" in der Infopalette.

Als Nächstes zeichnen Sie die Linie, die vom ersten linken Teilungspunkt senkrecht auf die soeben gezeichnete Linie läuft. Bei dieser Linie müssen Sie etwas anders vorgehen. Damit Sie den richtigen Punkt finden, legen Sie zuerst eine Hilfslinie durch die zwei Teilungspunkte.

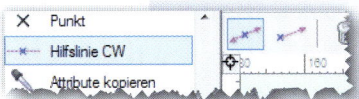

Wählen Sie das Werkzeug „Hilfslinie CW" und klicken Sie den Teilungspunkt an. Bewegen Sie den Mauscursor auf die schräge Linie, bis „senkrecht" erscheint. Bestätigen Sie mit der linken Maustaste.

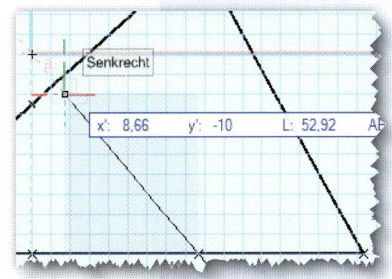

Schneiden Sie nun an den Schnittpunkten der Hilfslinie. Achten Sie darauf, dass die Kontur vor dem Schneiden rot aufleuchtet. Bestätigen Sie beim zweiten Schnittpunkt „Objekt zerschneiden". Löschen Sie die Hilfslinie und schließen Sie wieder die entstandenen Polygone.

Die letzte Linie beginnt in der Mitte der linken Dreieckseite und steht senkrecht auf der Schräge.

Konstruieren Sie auch hier mit einer Hilfslinie und schneiden Sie anschließend. Damit Sie den Punkt auf der schrägen Linie beim Zerschneiden anwählen können, müssen Sie das kleine Dreieck mit „ STRG + B " in den Hintergrund schieben.

Löschen Sie die Hilfslinie und die Hilfspunkte.

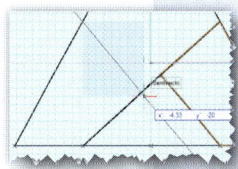
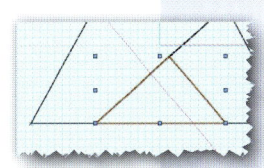
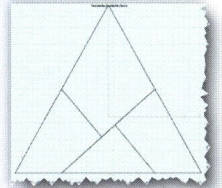

Weisen Sie den Einzelteilen über die Attributpalette unterschiedliche Farben zu.

Ihre Zeichnung sollte jetzt wie rechts abgebildet aussehen.

Legen eines Quadrats

Wenn Sie alles richtig gemacht haben, können
Sie nun aus dem Dreieck ein Quadrat legen.

Möchten Sie beide Zeichnungen darstellen,
verdoppeln Sie die Zeichenelemente, indem
Sie alle Elemente aktivieren (mit dem Mauscursor einen Rahmen um die Objekte ziehen)
und die Kopie mit „ STRG " und gedrückter
linker Maustaste zur Seite ziehen.

Wählen Sie als Fangmodi „Am Raster ausrichten" und „An Objekt ausrichten". Mit dem „Rotieren"-Werkzeug können Sie nun die einzelnen
Puzzleteile in die richtige Lage drehen und anschließend zusammenfügen.

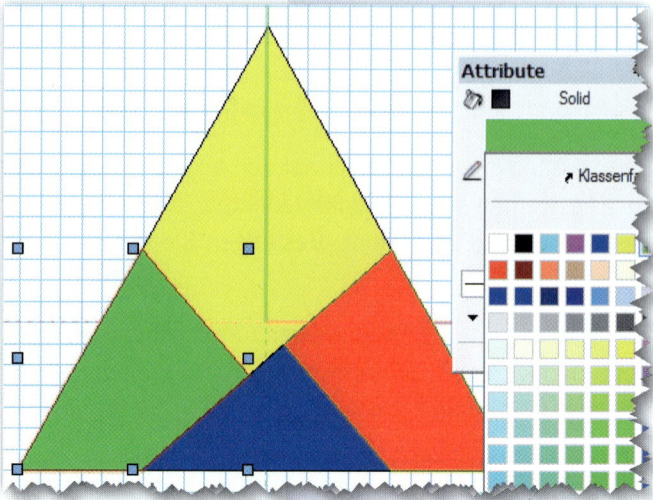

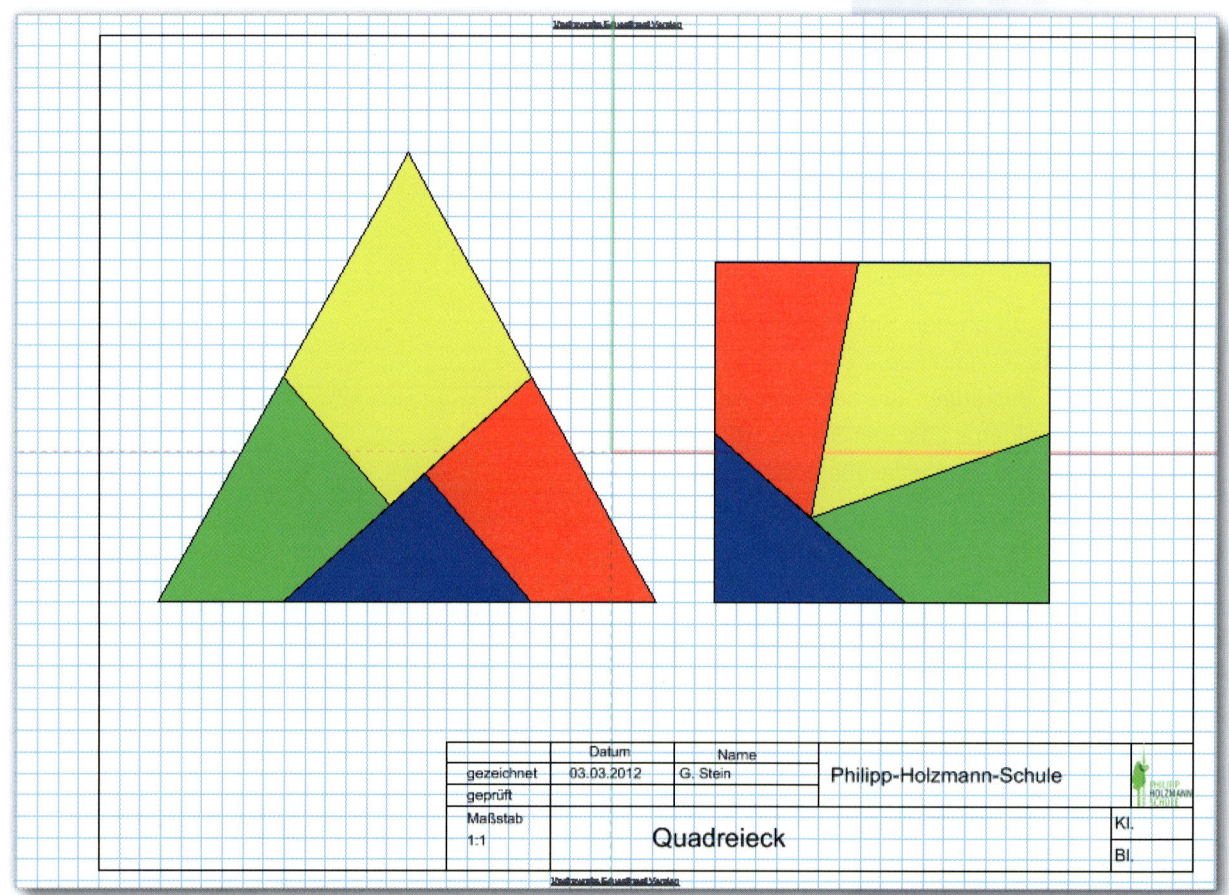

Schreibtischplatte – Zeichnen von Bögen

Der Schwerpunkt in dieser Aufgabe liegt im Zeichnen von Bögen.

Versuchen Sie wieder, die Aufgabe eigenständig zu lösen.

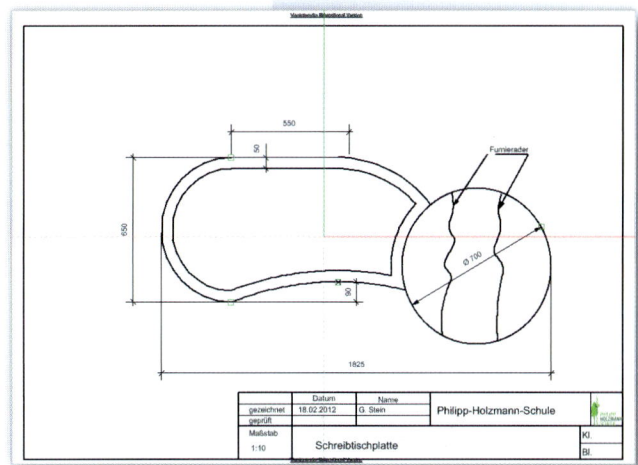

- Vorgabedatei Zeichenblatt A4 quer öffnen.

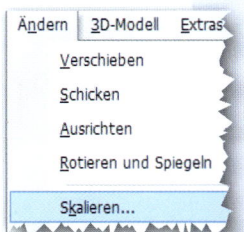

- Maßstab auf 1:10 verändern (rechte Maustaste). Schriftfeld markieren [STRG] + [A] und mit dem Faktor 10 skalieren. Flächenattribut auf „Leer" stellen.

- Rechteck zeichnen und Kreisbogen (Halbkreis) anfügen.

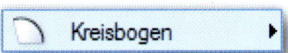

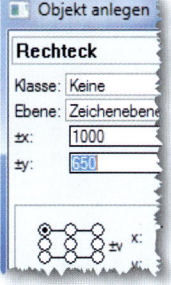

- Hilfspunkt auf die Mitte der unteren Rechteckseite setzen und dann mit „[STRG] + [M]" um 90 mm in +y-Richtung verschieben.

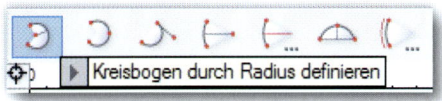

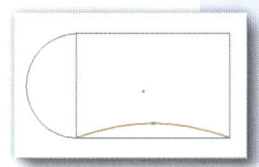

- Kreisbogen mit der Funktion „...durch Tangente und Punkt" von der Mitte der oberen Seite zum rechten Eckpunkt führen und von da zur Mitte der rechten Seite.

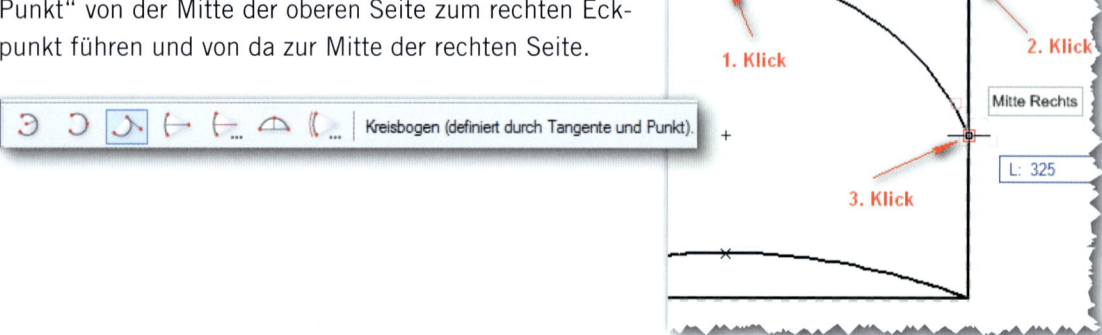

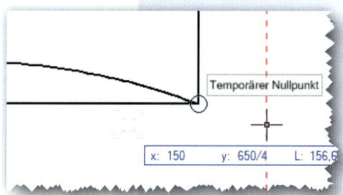

- Den Kreismittelpunkt der runden Tischplatte können Sie entweder mit einem Hilfspunkt festlegen oder durch Setzen eines temporären Nullpunkts (vgl. S. 18).

- Kreis mit R=350 zeichnen.

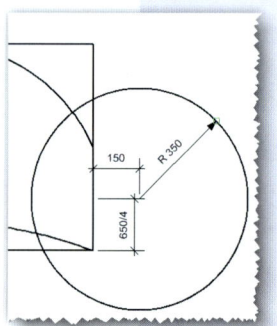

- Schneiden Sie alle sich kreuzenden Linien weg, sodass nur die Kontur übrig bleibt.

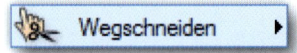

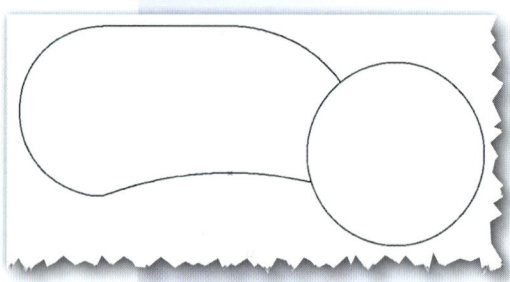

- Kontur ohne Kreis anwählen und mit „Ändern" – „Verbinden" zu einer Polylinie verbinden.

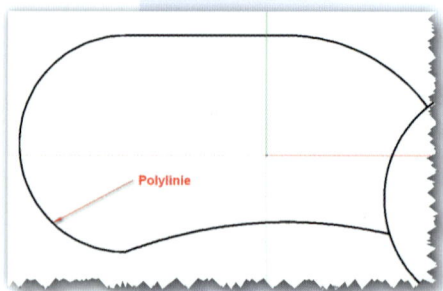

- Parallele im Abstand von 50 mm nach innen zur Polylinie und 50 mm nach außen um den Kreis zeichnen (Attribute auf „Leer" stellen).

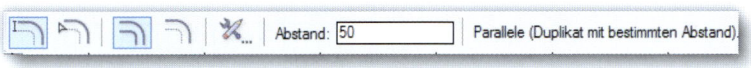

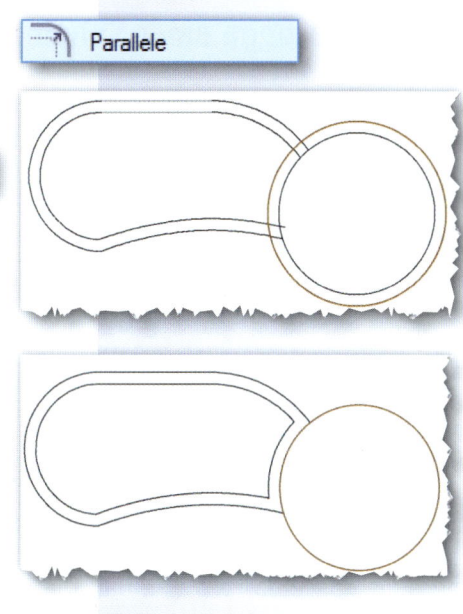

- Überflüssige Linien wegschneiden.

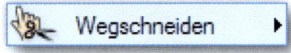

- Die „Furnieradern" zeichnen Sie nach Ihrem Geschmack als „Freihandlinie" ein. Probieren Sie hier gern ein bisschen aus, bis Ihnen das Ergebnis gefällt.

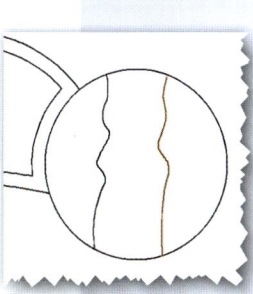

- Bemaßen und beschriften Sie die Zeichnung.

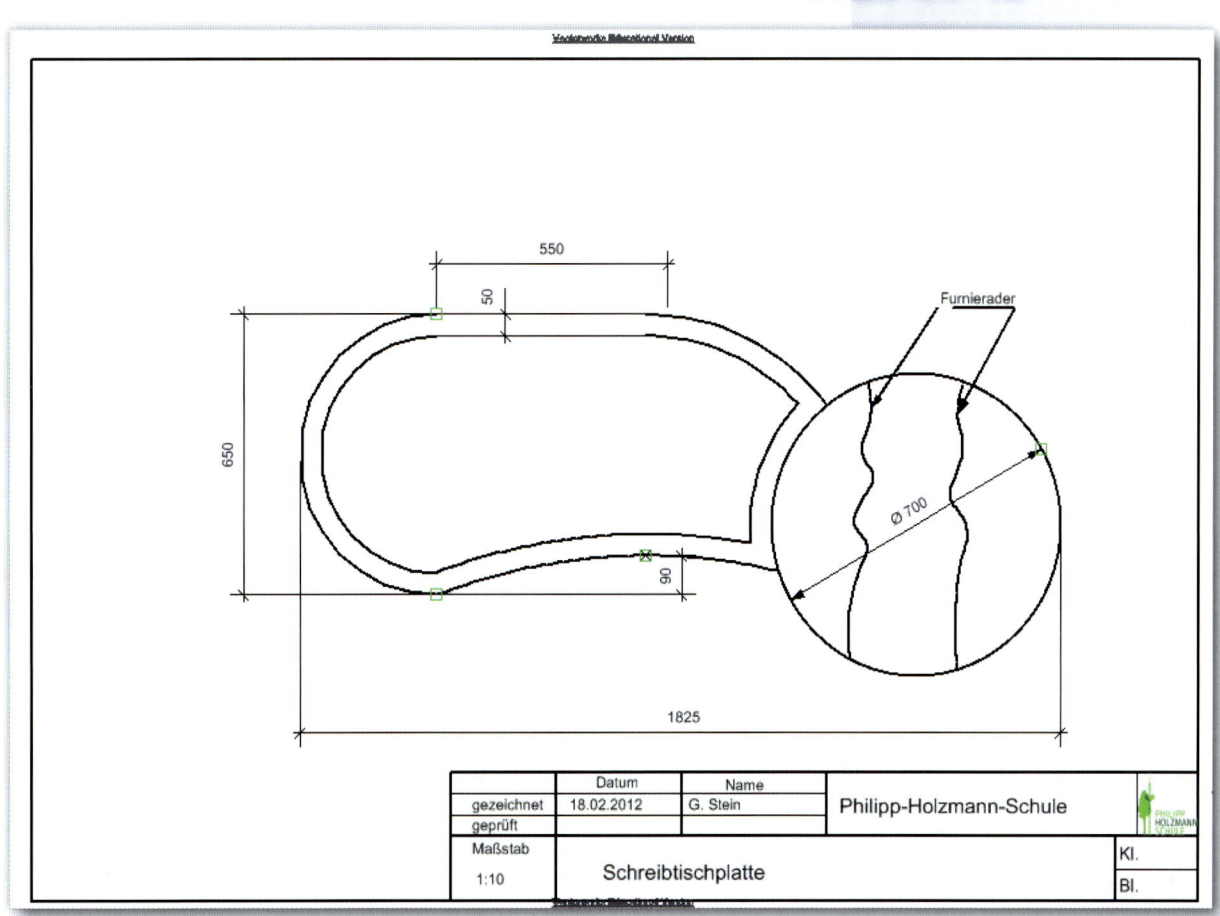

2.3 Anfertigen einer Schnittzeichnung

In dieser Übung soll beispielhaft die abgebildete Schnittzeichnung mit Vectorworks erstellt werden.

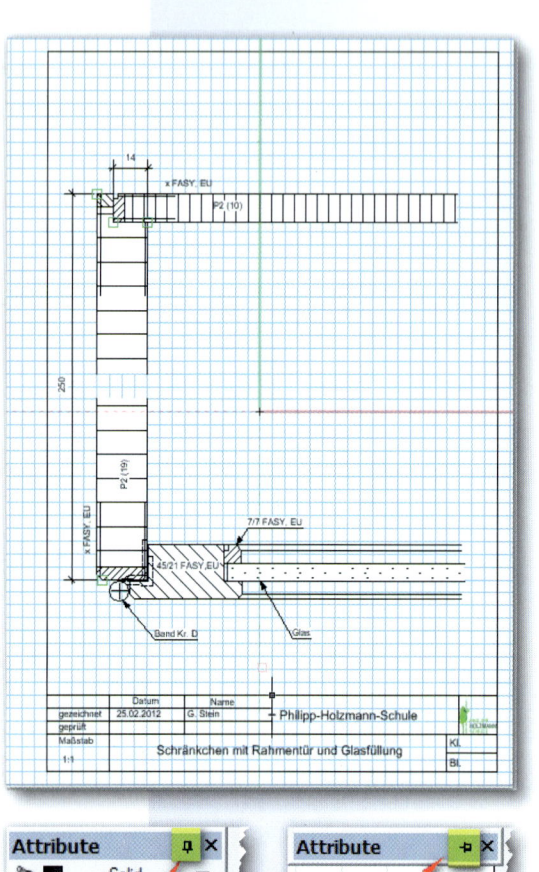

Vorbereitungen

Öffnen Sie Ihre A4-Vorlage.

Für diese Aufgabe brauchen Sie die Paletten Werkzeuggruppe, Konstruktion, Info, Zubehör, Zeigerfang und Attribute. Sie können die Paletten gleich öffnen oder erst, wenn Sie sie brauchen.

In der Überschriftenzeile einiger Paletten finden Sie ein Symbol, das aussieht wie ein Pinn für eine Pinnwand. Liegt der Pinn horizontal, wird nur die Überschrift auf dem Bildschirm angezeigt und das Menü öffnet sich erst, wenn Sie es mit dem Mauszeiger anwählen. Steht der Pinn senkrecht, ist das Menü immer sichtbar.

Stellen Sie als Fangmodi „An Raster ausrichten" und „An Objekt ausrichten" ein.

Speichern Sie das Dokument unter dem Namen „Detailschnitt VORNAME-NACHNAME".

Konstruktion[3]

Stellen Sie in der Attributpalette die Strichstärke auf 0,5 mm ein und zeichnen Sie **Seite** und **Rückwand** mit dem Werkzeug „Rechteck".

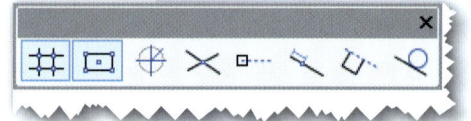

Verwenden Sie nur dieses Werkzeug! (Zeichnung ohne Text und Bemaßung.) Die Länge der einzelnen Querschnitte können Sie selber festlegen, achten Sie auf eine gute Blattaufteilung.

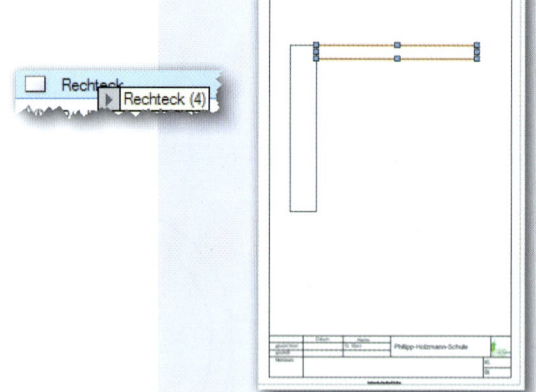

Zeichnen Sie die Rückwand zunächst bündig an die Seitenwand und verlängern Sie sie durch Eingabe in der Infopalette um 14 mm. Achten Sie auf die „Festhaltepunkte" in der Palette.

Die Rückwand liegt jetzt über der Seitenwand.

Markieren Sie die Rückwand und drücken Sie die Tasten „ STRG + F " für „In den Vordergrund schieben". Sie legen hiermit das Rechteck der Rückwand über die Seitenwand. Machen Sie das andersherum, wird die Rückwand abgeschnitten. Markieren Sie Rückwand und Seite und wählen

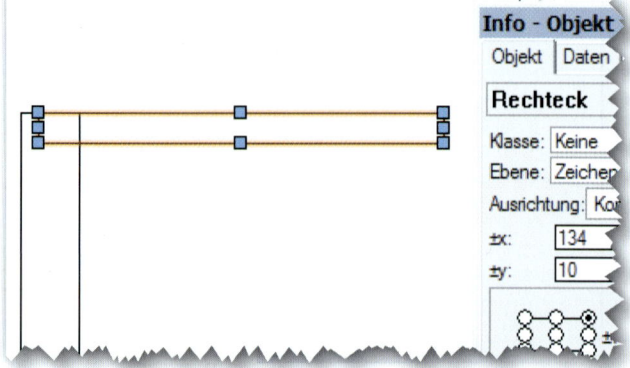

---

3   Bei den ersten Übungen sollten Sie sich noch genau an die Vorgaben halten, auch wenn andere Konstruktionsweisen möglich und vielleicht sogar einfacher sind.

Sie im Menü „Ändern" „Schnittfläche löschen" (oder drücken Sie die Tasten „ STRG + . ").

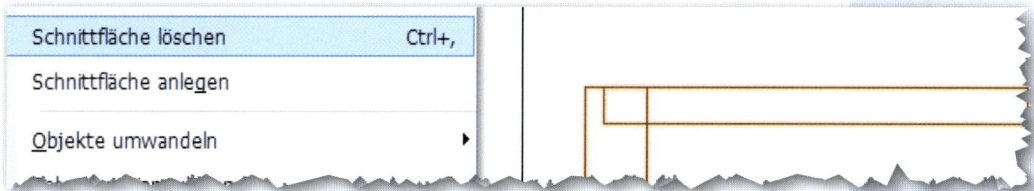

Für das Einzeichnen der **Anleimer** gibt es zwei Möglichkeiten:

Sie können den Anleimer einfach über den Querschnitt zeichnen und die Schnittfläche dann löschen.

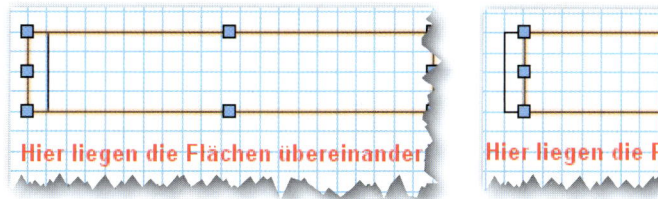

Oder Sie verwenden das Werkzeug „Zerschneiden".

Wählen Sie hierzu die Methode „Mit Leitlinie", aktivieren Sie den Querschnitt und ziehen Sie eine Linie an der Schnittstelle des Anleimers. Dies geht natürlich dann besonders einfach, wenn Sie das Raster als Hilfe benutzen können. Geht das nicht, verwenden Sie einen temporären Nullpunkt (vgl. S. 18).

Sollte jetzt die Linie zwischen Anleimer und Platte fehlen, setzen Sie ein Häkchen im Feld „Schließen" in der Infopalette.

Zeichnen Sie nun alle Anleimer ein.

Das Quadrat (Schattennut) im Anleimer der Rückwand löschen Sie am besten mit dem Befehl „Schneiden".

Vergrößern Sie den Ausschnitt, markieren Sie das Rechteck (Anleimer) und wählen Sie den Befehl „Schneiden".

Setzen Sie den Mauscursor an der linken oberen Ecke an, ziehen Sie ein Rechteck auf und geben Sie nach Drücken der Tabulatortaste die Werte 2 und -2 ein.

Ihre Zeichnung sollte jetzt so aussehen wie die nebenstehende Abbildung.

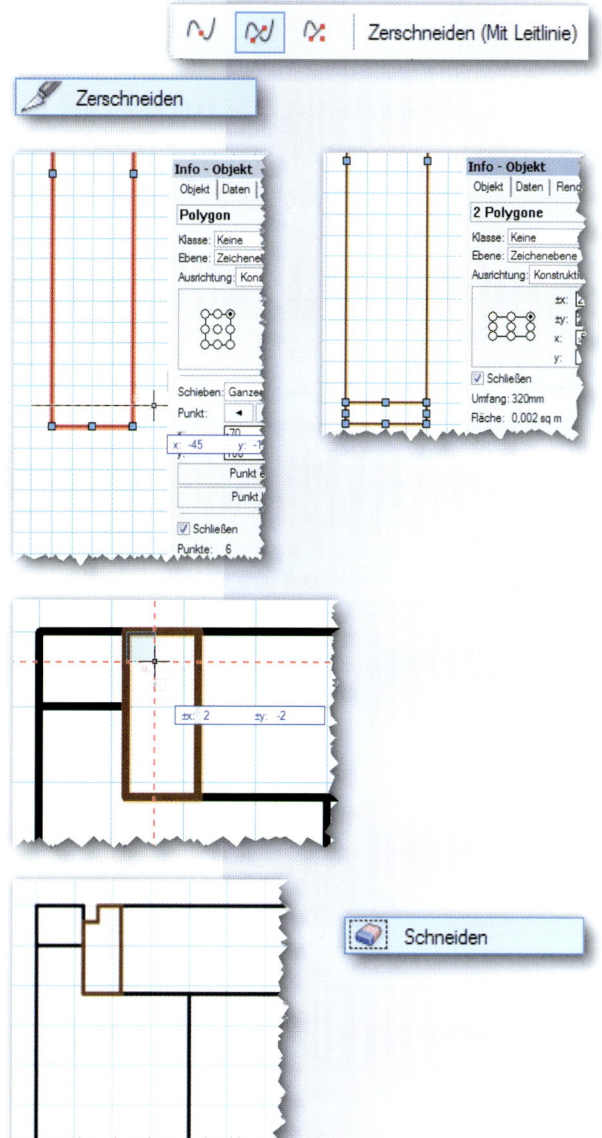

Zeichnen Sie als Nächstes den **Querschnitt des Türfrieses** (45/21) an die Seitenwand.

Schieben Sie mit der Tastenkombination „ STRG + M " das Rechteck um 7,5 mm nach links und 7 mm nach vorne.

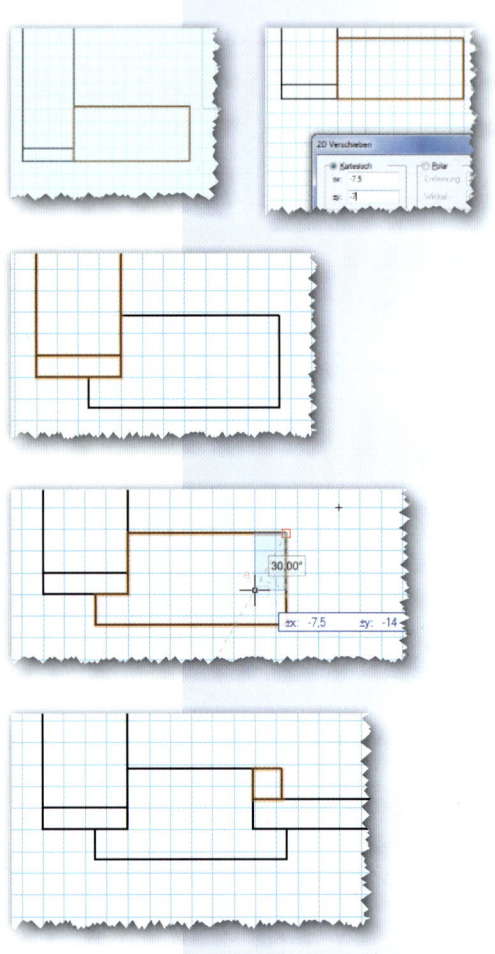

Schieben Sie das Rechteck mit „ STRG + B " in den Hintergrund.

Markieren Sie Seite, Anleimer und Querschnitt und schneiden Sie den **Falz** mit der Tastenkombination „ STRG + , " aus.

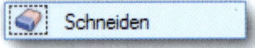

Schneiden Sie den zweiten Falz (-7,5 x -14) auf die gleiche Weise aus.

Zeichnen Sie die **Füllung** und die **Füllungsleiste** ein.

Die Füllung braucht im Falz Luft. Verschieben Sie sie um 2 mm nach rechts und schneiden Sie die Schattennut in die Füllungsleiste.

Ergänzen Sie die Zeichnung mit den **Körperkanten des unteren Frieses**.

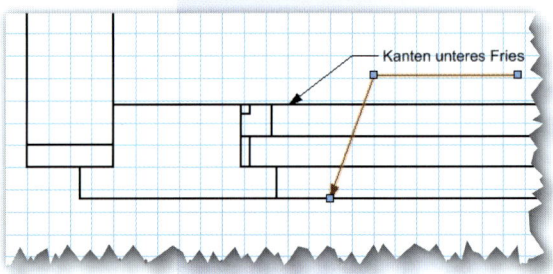

Wählen Sie den Befehl „Abfasen" in der Palette „Konstruktion" aus. Wählen Sie die dritte Methode. Hier wird das abgeschnittene Teil gleich gelöscht. Geben Sie für beide Geraden den Wert „2" ein.

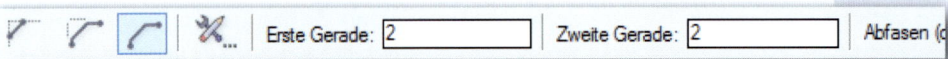

Klicken Sie nacheinander die abzufasenden Kanten an.

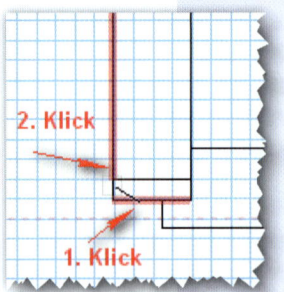

Schließen Sie mit dem Befehl „Zusammenfügen" die entstandenen Lücken.

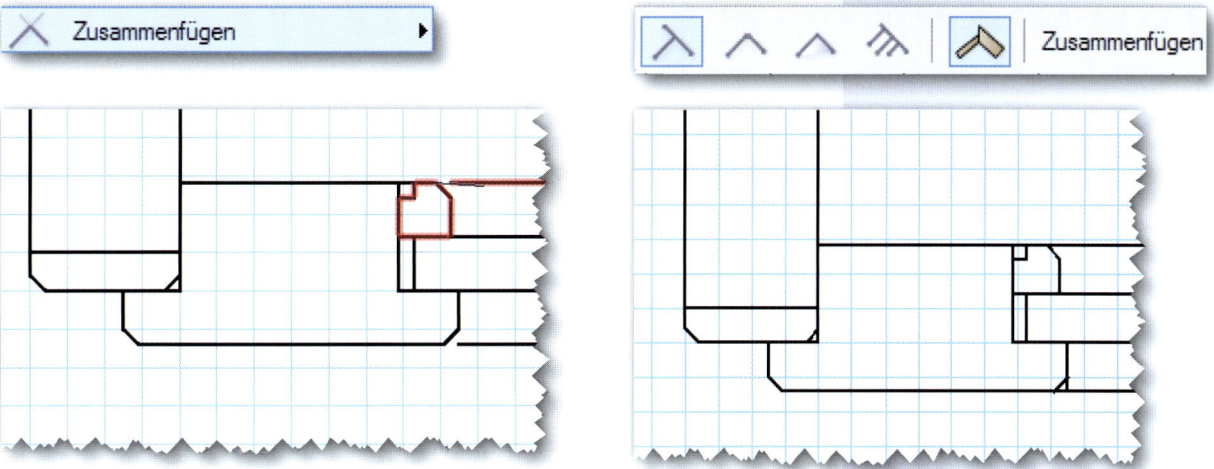

Ihre Zeichnung sollte jetzt so aussehen:

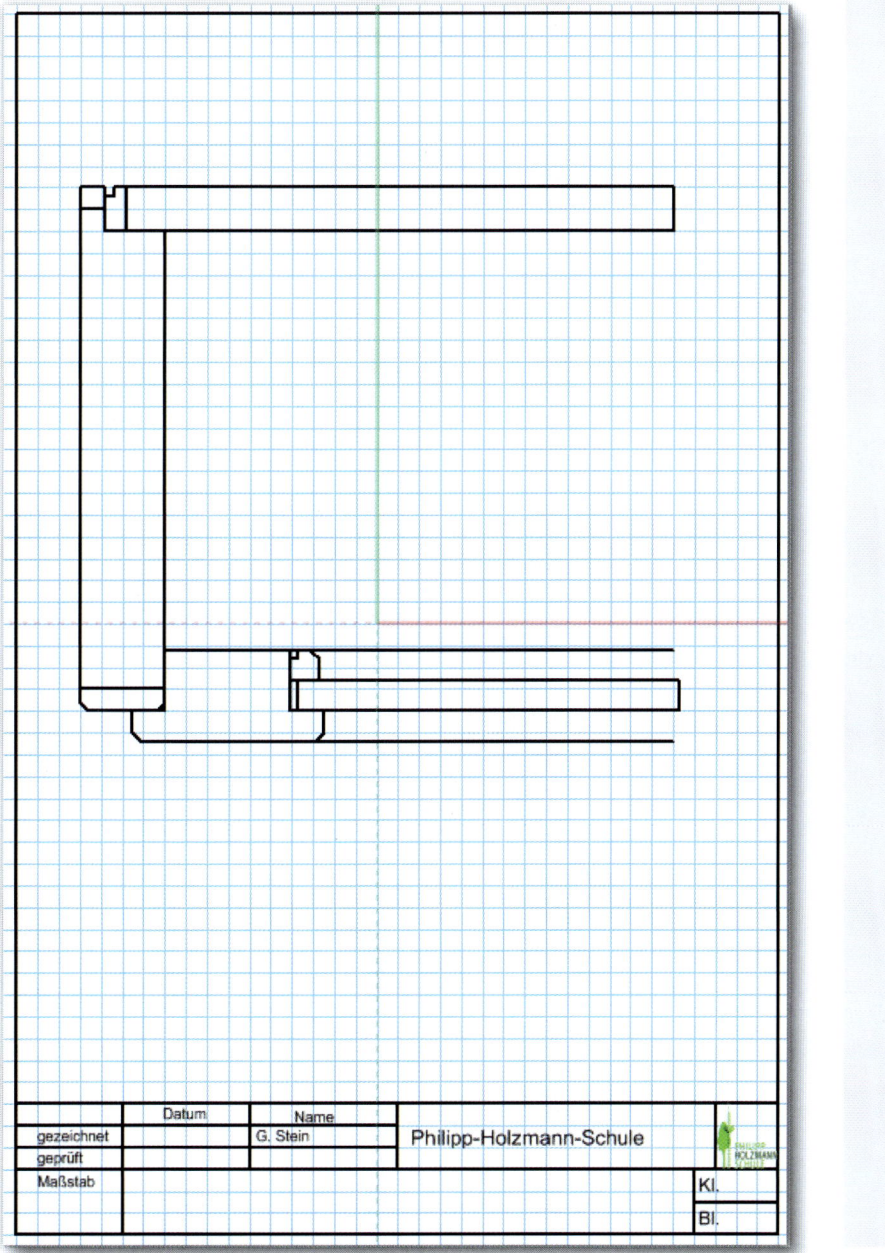

Schraffieren der Querschnitte

Als Nächstes werden die Schnittflächen schraffiert.

Öffnen Sie Ihre angefangene Schnittzeichnung.

Beginnen Sie mit dem Schraffieren der Schnittflächen:

Wählen Sie als Erstes die **Schnittfläche der Tür** aus.

Öffnen Sie die Palette „Attribute".

Die Attribute sind die Eigenschaften des gezeichneten Objekts. Hier können Sie sehen, dass es keine Füllung hat und die Linien durchgezogen (Solid), schwarz und 0,5 mm dick sind.

Gehen Sie mit dem Zeigewerkzeug auf das Feld, in dem „Leer" steht, und drücken Sie die linke Maustaste. Wählen Sie das Feld „Schraffur" aus und drücken Sie die linke Maustaste. Vectorworks bietet Ihnen jetzt eine Beispielschraffur an, die aber für unsere Tür nicht passt.

Klicken Sie mit der linken Maustaste auf „Beispiel Karo 2 mm" und Sie bekommen weitere Schraffuren zur Auswahl angeboten. Leider ist auch hier keine passende Schraffur vorhanden.

Vectorworks bietet zwar einige Schraffuren an, die für Holz und Holzwerkstoffe benötigten sind jedoch bei den Beispielen nicht dabei.

Die DIN 919 verlangt eigentlich **Freihandschraffuren**. Da diese viel Speicher verbrauchen, verweist sie jedoch für CAD-Zeichnungen auf die DIN ISO 128-50.

Die angebotenen Schraffuren entsprechen jedoch auch nicht der DIN 128-50.

Vectorworks bietet in den mitgelieferten Bibliotheken Schraffuren an, die Freihandschraffuren zumindest ähnlich sind. Darüber hinaus gibt es die Möglichkeit, Schraffuren selber anzulegen. Diese selbst angelegten Schraffuren kann man dann so abspeichern, dass sie für alle Zeichnungen zur Verfügung stehen. Es lohnt sich also durchaus, hier sorgfältig vorzugehen. Wie das geht, wird zu einem späteren Zeitpunkt erklärt und ist nur dann ratsam, wenn Sie das Programm auf Ihrem eigenen Rechner installiert haben.

Für die Zeichnungen im Unterricht behelfen wir uns vorerst mit den Beispielschraffuren von Vectorworks.

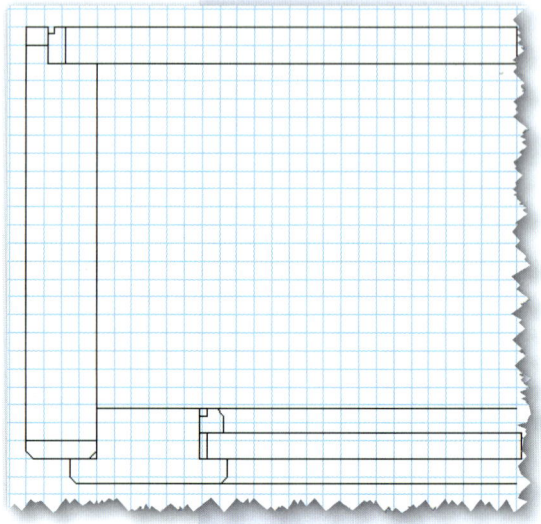

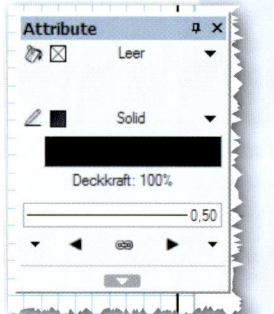

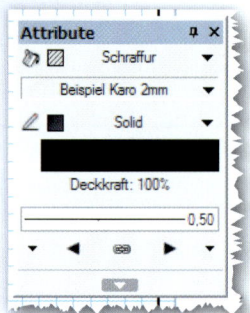

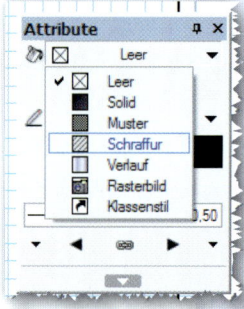

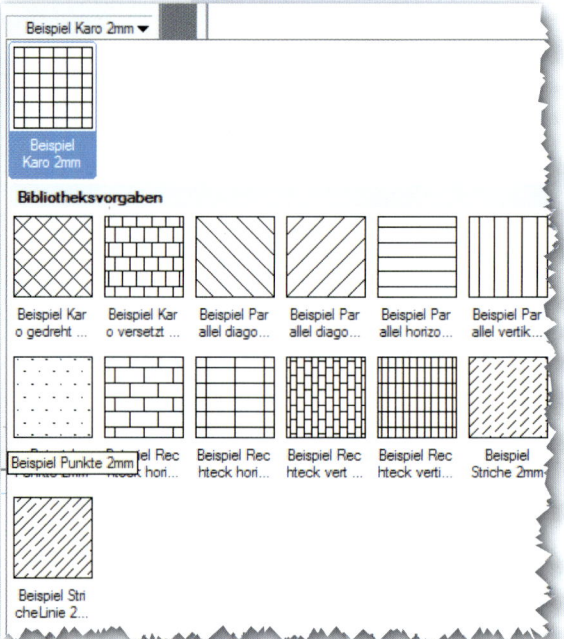

Für die **Plattenwerkstoffe** wählen Sie die Schraffur „Beispiel Parallel vertikal" oder „horizontal".

Wählen Sie den Schalter „Schraffurzuweisung". Hier können Sie jetzt den Abstand der Schraffen (das sind die Linien einer Schraffur) und den Winkel einstellen.

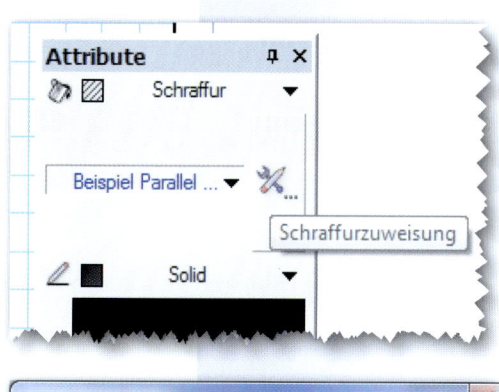

Für **Massivholz** wählen Sie entweder die gleichen Schraffuren und verändern außer dem Abstand noch den Winkel oder Sie wählen „Beispiel Parallel diagonal" (rechts oder links). Die Schraffur entspricht zwar nicht der DIN, dies ist jedoch in diesem Zusammenhang akzeptabel. Beachten Sie, dass der Abstand der Schraffurlinien bei Plattenwerkstoffen ca. ½ D und bei Massivholz 2-4 mm betragen soll.

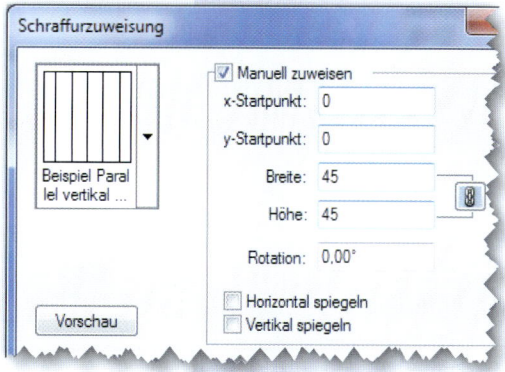

Sie können den Abstand der Schraffen und den Winkel auch mit dem Befehl „Füllung und Material bearbeiten" verändern. Wählen Sie den Befehl aus und klicken auf eine bereits schraffierte Fläche. Es erscheint ein Quadrat mit 8 Punkten. Verschieben Sie das Quadrat, so verschieben Sie auch die Schraffur. Ziehen oder drücken Sie an den Eckpunkten, vergrößert oder verkleinert sich das Quadrat, und der Abstand zwischen den Schraffen verändert sich entsprechend. Fassen Sie einen der Seitenmittelpunkte, können Sie das Quadrat und damit die Schraffur drehen. Ab Vectorworks 2012 können Sie diese Einstellungen auch speichern. Drücken Sie hierzu die rechte Maustaste und wählen Sie „Schraffur sichern unter".

Schraffieren Sie nun alle Querschnitte. Wählen Sie für die **Glasfüllung** die Schraffur mit den Punkten.

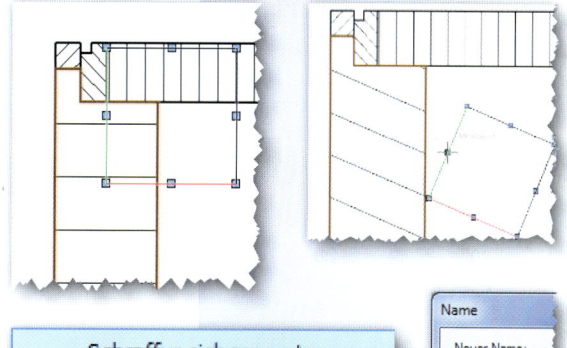

Ihre Zeichnung sollte jetzt so wie die Abbildung rechts aussehen.

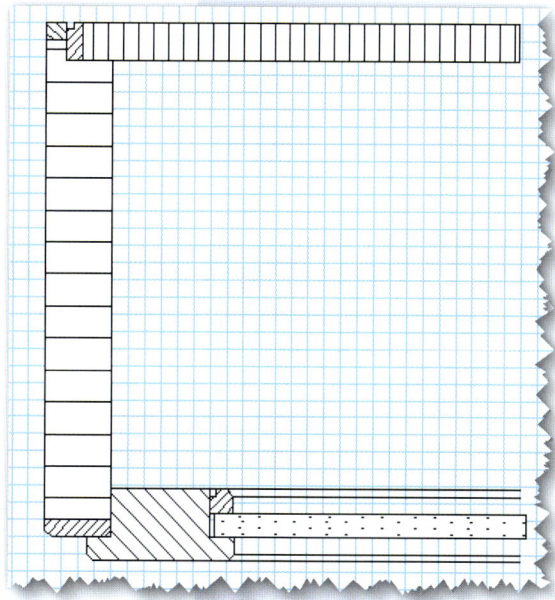

Einfügen von Unterbrechungen

In der Zeichnung müssen noch die Seite unterbrochen und der Querschnitt der Rückwand und der Tür rechts geöffnet werden, ein Band eingezeichnet und außerdem Bemaßung und Beschriftung eingefügt werden.

Öffnen Sie Ihre angefangene Schnittzeichnung.

Beginnen Sie mit dem **Unterbrechen der Seite.**

Vergessen Sie nicht, die Datei zu speichern, sonst ist Ihre ganze Arbeit vergebens gewesen.

Unterbrechungen in Schnittzeichnungen können am einfachsten mit dem Werkzeug „Schneiden" aus der Palette „Konstruktion" vorgenommen werden.

Aktivieren Sie die Korpusseite.

Wählen Sie in der Palette „Konstruktion" das Werkzeug „Schneiden" und wählen Sie die Methode „Schnittfläche löschen".

Klicken Sie links neben die Seite und ziehen Sie ein Rechteck über die Platte.

Die Schnittfläche wird gelöscht.

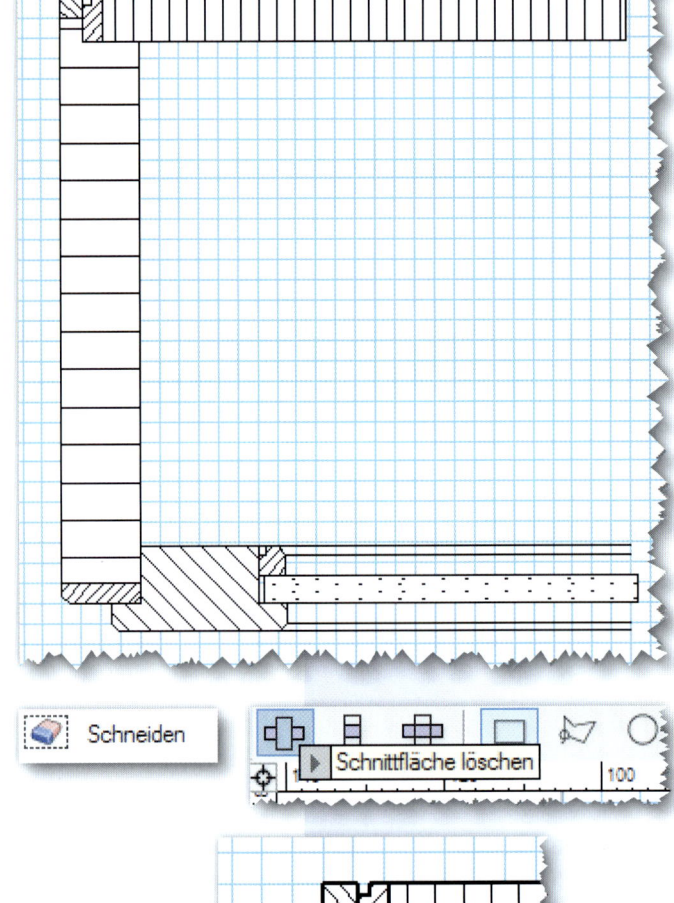

Nun müssen noch die **Schnittflächen geöffnet** werden.

Wählen Sie zuerst die Tür aus und überprüfen Sie in der Infopalette, ob das Rechteck ein Polygon ist. Ist das nicht der Fall, wählen Sie „Ändern" – „Objekte umwandeln" – „In Polygon umwandeln". Das Entfernen einer Seitenlinie funktioniert nämlich nur bei Polygonen, nicht bei Rechtecken.

Wählen Sie in der Palette „Konstruktion" das Werkzeug „Umformen" mit der Methode „Seite ein- oder ausblenden" aus.

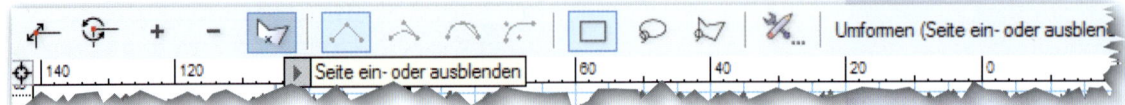

Gehen Sie mit dem Mauszeiger auf die Linie, die Sie ausblenden möchten. Klicken Sie, wenn der Text „Mittelpunkt" erscheint und die Kante rot aufleuchtet. Verfahren Sie mit den anderen Flächen ebenso.

Die Zeichnung sollte jetzt aussehen wie abgebildet.

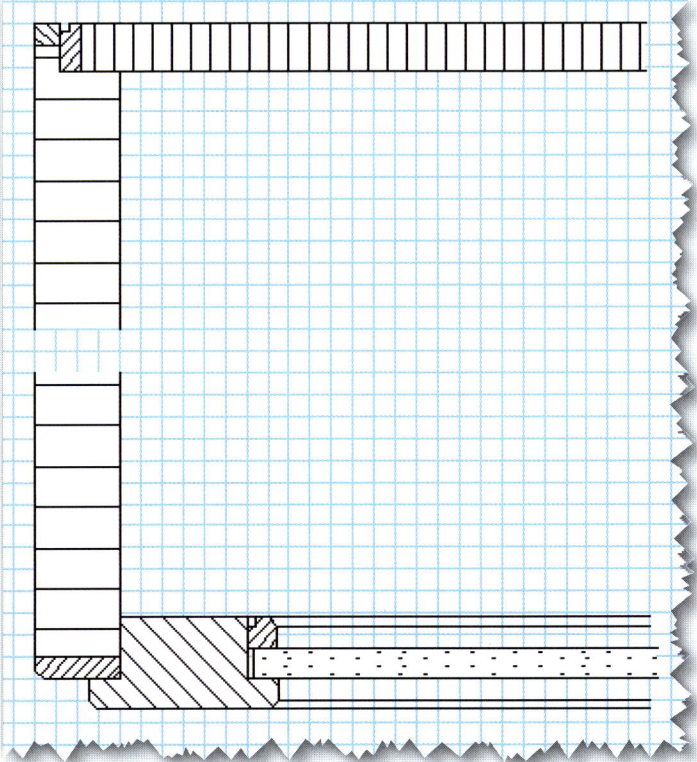

Anlegen von Symbolen

Zeichnen Sie als Nächstes ein **Möbelband Form D**. Einzelteile, die immer wieder in unterschiedlichen Zeichnungen verwendet werden können, z. B. Scharniere, Bänder, Griffe oder Verbindungsmittel, kann man als „Symbole" ablegen. Sie werden dann extra gespeichert und brauchen nur noch eingefügt zu werden.

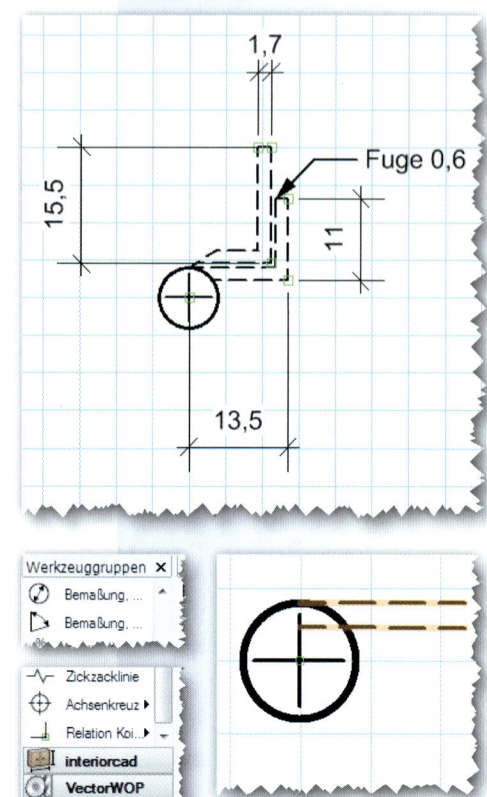

Öffnen Sie ein neues Dokument (Vorlage DIN A4 hochkant) und nennen Sie es „Symbole". Dieses Dokument können Sie auch in Zukunft immer dann verwenden, wenn Sie ein Zeichnungsteil auch in anderen Zeichnungen verwenden möchten.

Das Band soll in Schnittzeichnungen eingefügt werden, zeichnen Sie es also im „eingebauten Zustand". Die meisten Werkzeuge kennen Sie bereits. Das Zeichnen wird daher nur kurz beschrieben.

Zeichnen Sie einen Kreis mit 8 mm Durchmesser (Volllinie 0,5 mm).

Wählen Sie in der Palette „Werkzeuggruppen" „Bemaßung/Beschriftung" und hier „Achsenkreuz" aus und fügen Sie es in den Kreis ein. Verändern Sie in der Palette „Attribute" die Strichstärke auf 0,25 mm und wählen Sie als Linienart die Nr. 6 aus.

Stellen Sie in der Attributpalette die Linienstärke auf 0,25 und wählen Sie die Linienart Nr. 2 (gestrichelt). Zeichnen Sie mit dem Werkzeug „Doppelgerade" aus der Konstruktionspalette und der ersten Methode die erste Doppellinie an den Kreis.

Zeichnen Sie mit der dritten Methode die nächste Linie und dann den zweiten Lappen auf gleiche Weise.

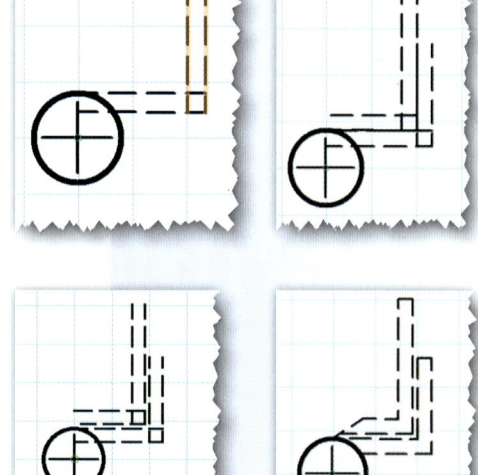

Markieren Sie den oberen Lappen und verschieben Sie mit „ STRG + M " in -x-Richtung und +y-Richtung um jeweils 0,6 mm.

Entfernen Sie mit „Wegschneiden" die Überschneidungslinien und schließen Sie die Rechtecke gemäß Abbildung.

Ablegen der Zeichnung als Symbol

Aktivieren Sie alle Zeichnungsobjekte, indem Sie mit dem Zeiger bei gedrückter rechter Maustaste ein Rechteck über die Zeichnung ziehen.

Wählen Sie im Menü „Ändern" den Befehl „Symbol anlegen…" aus.

Geben Sie dem Symbol einen Namen, z. B. Band Form D.

Wählen Sie für den Einfügepunkt des Symbols „Nächster Klick", wählen Sie „Original erhalten" und bestätigen Sie mit „OK".

Der Mauszeiger wird in Form eines Fadenkreuzes angezeigt. Bestimmen Sie den Mittelpunkt der Rolle als Einfügepunkt.

Speichern Sie Ihre Symboldatei.

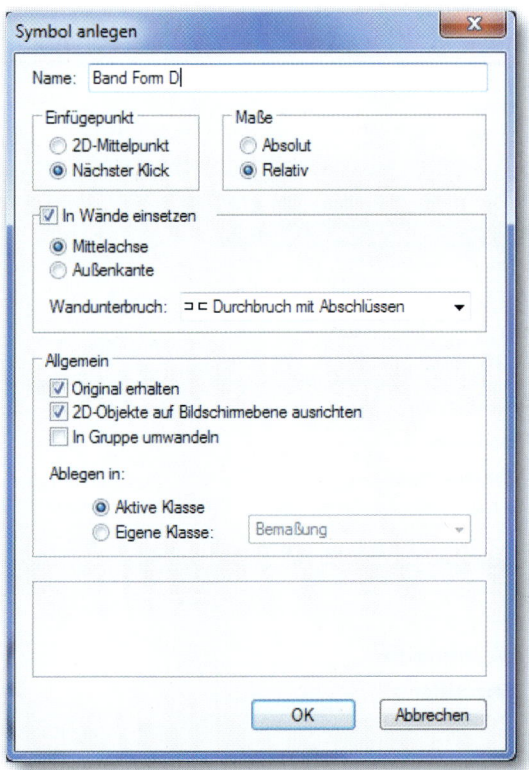

Einfügen von Symbolen

Jetzt soll das Band in die Schnittzeichnung eingefügt werden.

Öffnen Sie erst Ihre Symbol- und dann Ihre Schnittdatei.

Sie haben das Band mit einer Fuge von 0,6 mm zwischen den Lappen gezeichnet. Diesen Abstand braucht jetzt noch die Tür zur Seite.

Markieren Sie alle Teile der Tür, drücken Sie die Tasten „ STRG + M " für „2D verschieben" und geben Sie für die x-Richtung 0,6 und für die y-Richtung -0,6 ein.

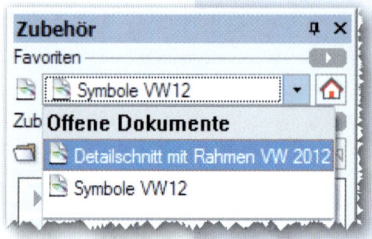

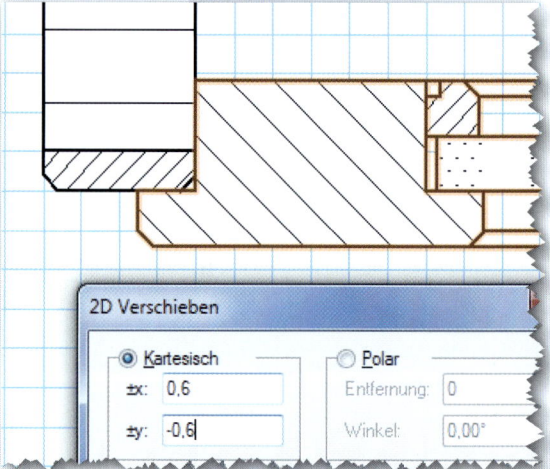

Öffnen Sie die Zubehörpalette. Wählen Sie unter „Offene Dokumente" Ihre Symboldatei.

Sie können sich Ihre Symbole entweder als Bilder oder als Texte anzeigen lassen.

Vergrößern Sie sich den Bildausschnitt, ziehen Sie das Symbol mit der Maus in Ihre Zeichnung und platzieren Sie es zwischen Tür und Seitenwand.

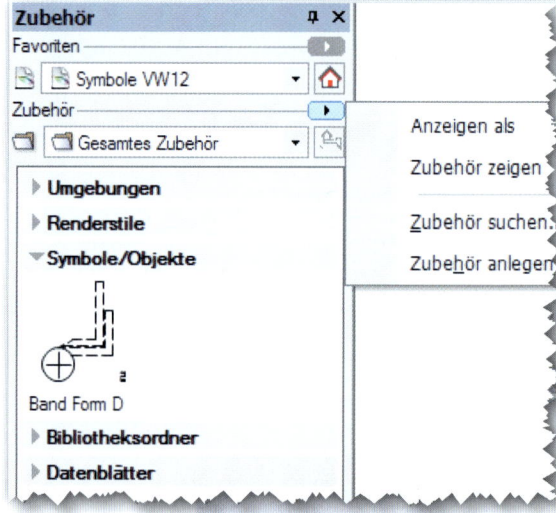

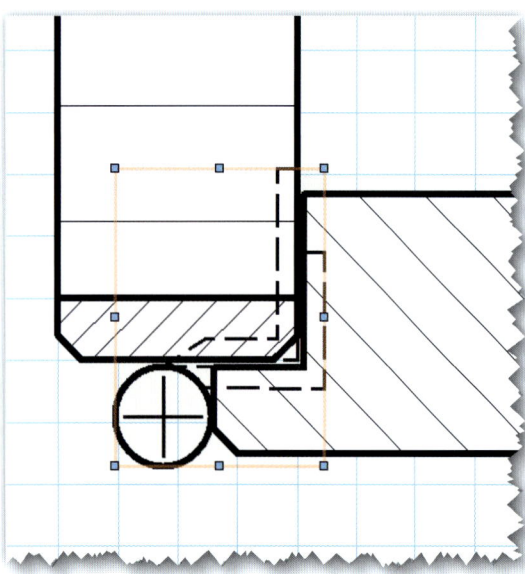

Jetzt fehlen in unserer Zeichnung nur noch die Furnierbegleitlinien, die Beschriftung und die Bemaßung.

Speichern Sie aber zunächst Ihre Datei.

Einfügen von Furnierbegleitlinien

Furnierbegleitlinien zeichnen Sie am besten mit dem Werkzeug „Doppelgerade" 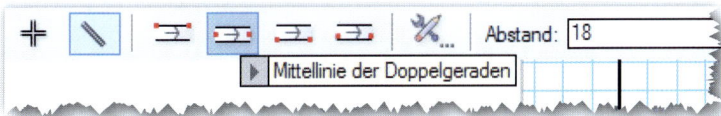 aus der Palette „Konstruktion". Wählen Sie die Methode „Mittellinie der Doppelgeraden".

Geben Sie für die Seite den Wert 18 ein.

Führen Sie den Mauszeiger auf die Mitte der Plattenkante und klicken Sie, wenn „Mitte" angezeigt wird.

Ziehen Sie mit dem Mauszeiger die Doppelgerade in die gewünschte Richtung. Durch Drücken der Tabulatortaste können Sie den Wert für die Länge eingeben. Bestätigen Sie die Eingabe mit Enter und schließen Sie mit einem Klick ab.

Zeichnen Sie auf die gleiche Weise auch die Begleitlinien für die anderen Platten.

Die Begleitlinien für die Hinterkante zeichnen Sie am besten wie folgt: Achten Sie darauf, dass beide Linien aktiv sind, drücken Sie die STRG-Taste, die Linien werden hierdurch kopiert. Schieben Sie die Duplikate nach oben bis an die Rückwand. Die Länge der Linien können Sie einzeln mit dem Mauscursor anpassen.

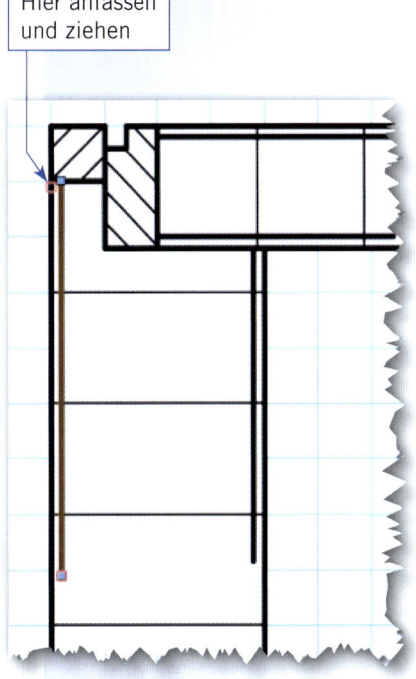

Hier anfassen und ziehen

Beschriftungen

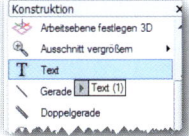

Die Plattenbeschriftungen erzeugen Sie mit dem Werkzeug „Text" aus der Konstruktionspalette. Damit die Einstellungen für alle Objekte gelten, darf beim Einstellen kein Objekt aktiviert sein.

In der Infopalette können Sie die Texteinstellungen noch verändern.

Damit der Text über der Schraffur liegt, stellen Sie in der Attributpalette die Flächenfüllung auf „Solid" und die Farbe „Weiß" ein.

Mit dem Tastenkürzel „STRG + L" lässt sich der Text um 90° drehen.

Hinweislinien für z. B. kleine Querschnitte oder Beschläge konstruieren Sie einfach mit dem Werkzeug „Geraden". Die Pfeilspitze können Sie über die Attributpalette einfügen.

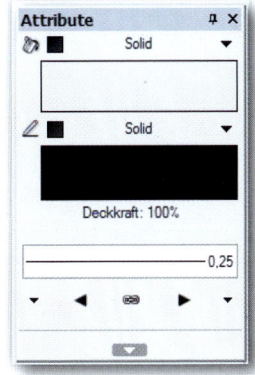

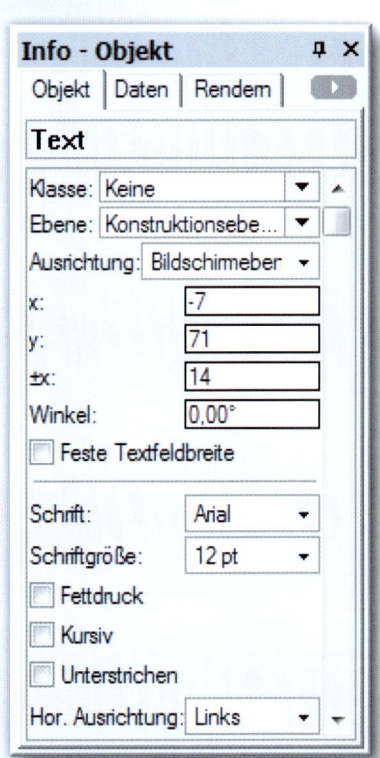

Bemaßung

Auch die Einstellungen für den Bemaßungstext können im Menü „Text"
unter „Textdarstellung..." vorgenommen werden.

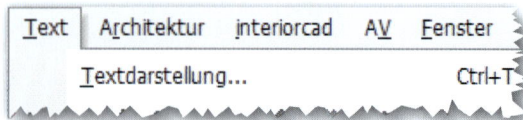

Wählen Sie für die waagrechte und senkrechte Bemaßung in der Werkzeuggruppe „Bemaßung/Beschriftung" das Werkzeug „Bemaßung horizontal und vertikal" aus.

Zum Bemaßen brauchen Sie jetzt nur noch den Anfangs- und den Endpunkt eines Objekts anzuklicken. Achten Sie darauf, dass der Fangmodus eingeschaltet ist!

Den Abstand der Maßlinie können Sie durch Drücken der Tabulatortaste
bestimmen. Schließen Sie mit einem Doppelklick ab.

Wenn Sie die Schrankseite bemaßen, wird das Maß angezeigt, das der
Zeichnung entspricht. Dies ist natürlich falsch, wir haben die Zeichnung
ja unterbrochen bzw. nur einen Teilschnitt gezeichnet.

Die Maßzahl lässt sich jedoch leicht korrigieren:

- Aktivieren Sie eine der zu ändernden Bemaßungen.

- Lassen Sie sich die Infopalette anzeigen.

- Entfernen Sie das Häkchen in „Maßzahl zeigen".

- Schreiben Sie die wahre Maßzahl in das Feld
  „Vorgestellt".

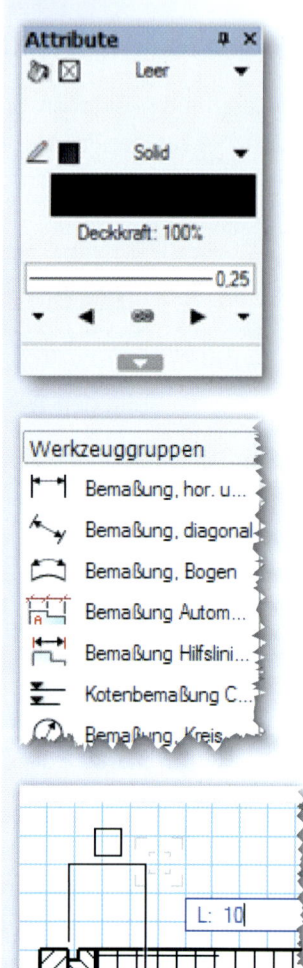

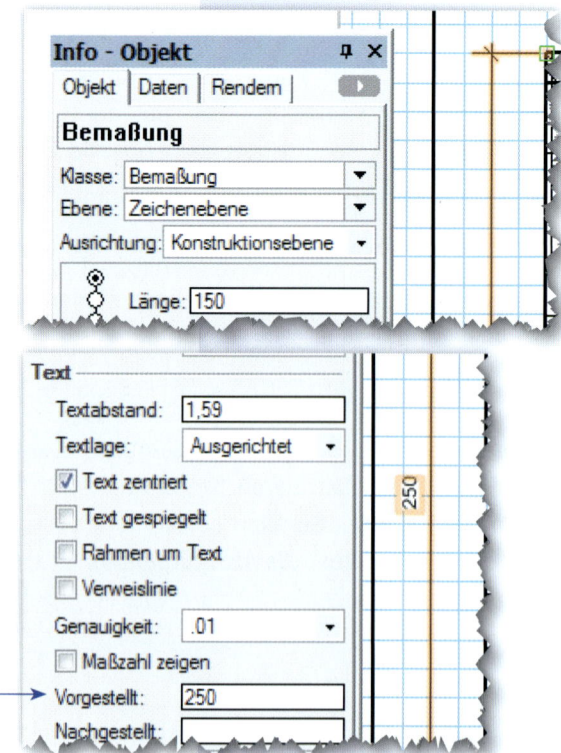

So sollte Ihre Zeichnung jetzt aussehen. Vergleichen Sie.

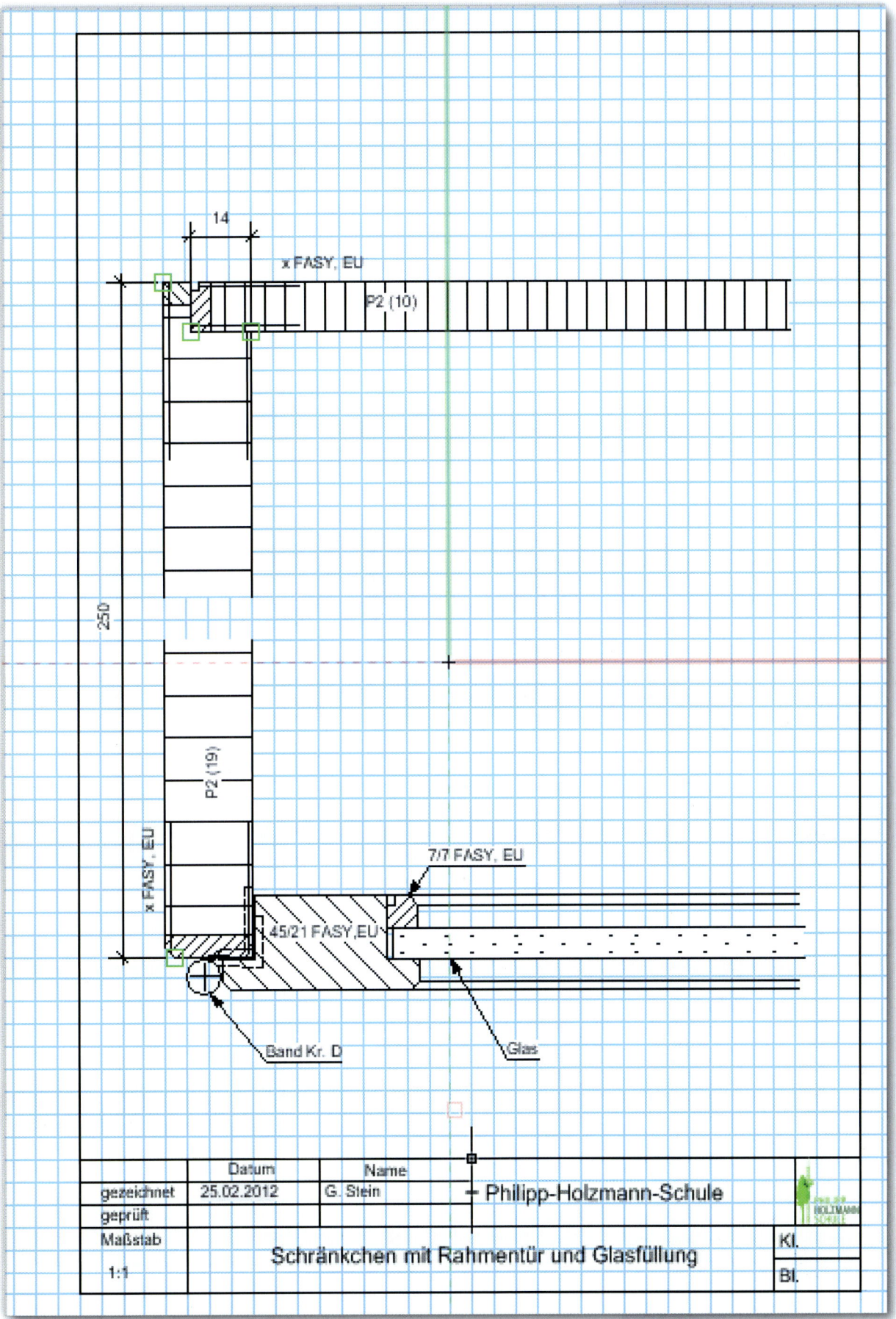

	Datum	Name			
gezeichnet	25.02.2012	G. Stein	— Philipp-Holzmann-Schule		
geprüft					
Maßstab			Schränkchen mit Rahmentür und Glasfüllung	Kl.	
1:1				Bl.	

2.4 Schnittzeichnung – Übungsaufgabe

Aufgabe: Zeichnen Sie das Hängeschränkchen Schnitt A-A anhand der Vorlage unter Berücksichtigung des Erlernten.

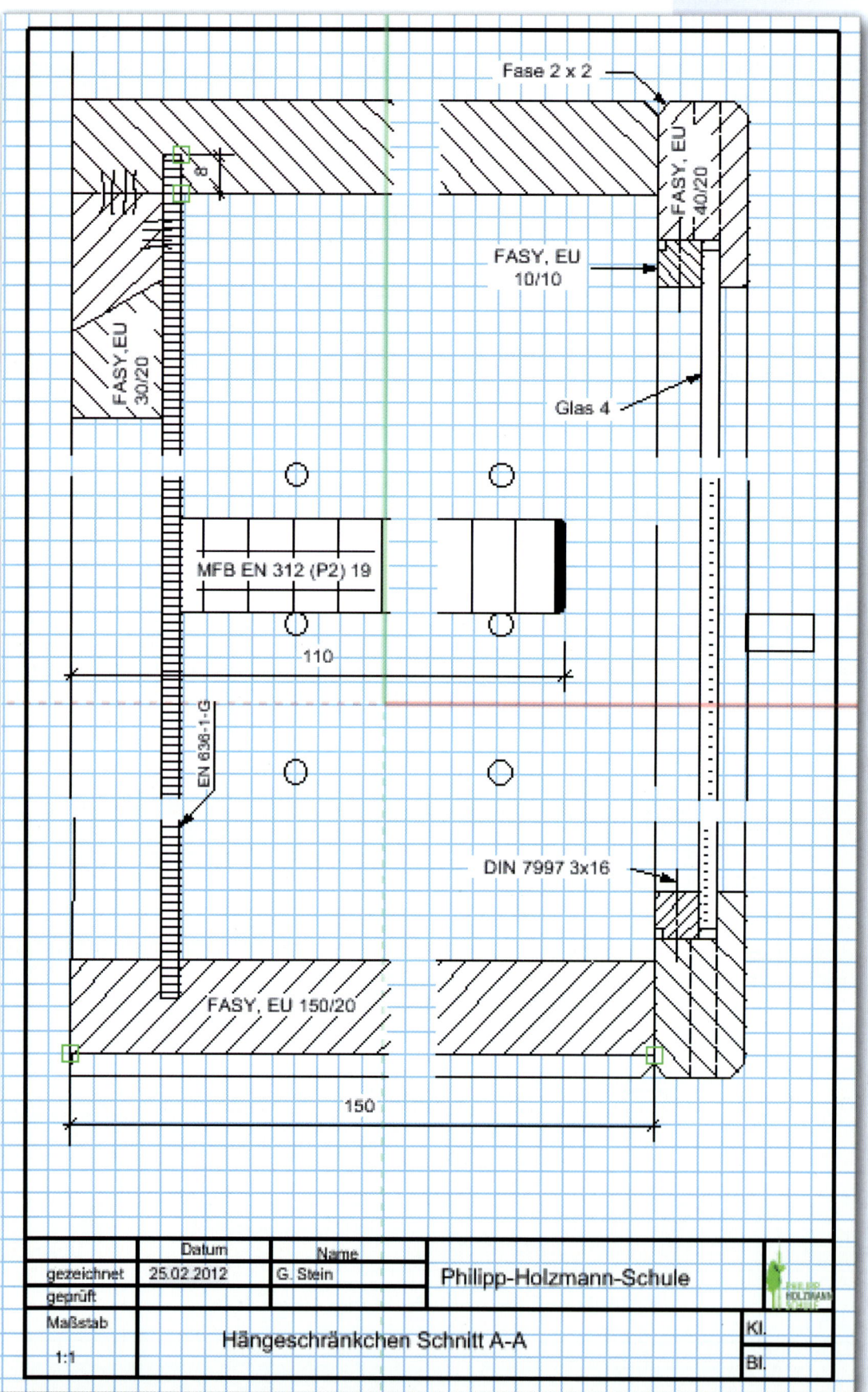

3 Konstruieren von 3D-Objekten

3.1 Körper gesucht

In dieser Übung beginnen wir mit dem Konstruieren von dreidimensionalen Körpern.

Gesucht wird ein fester Körper, den man nacheinander formschlüssig durch die drei Öffnungen des abgebildeten Brettes schieben kann.

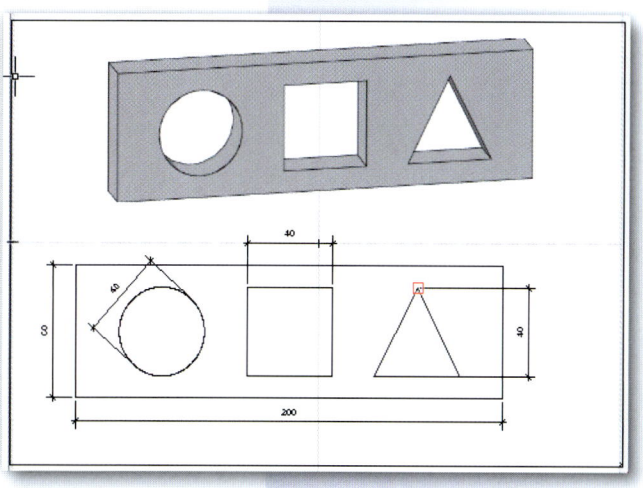

Zeichnen des Brettes

Hier ein Konstruktionsvorschlag:

- Öffnen Sie Ihre DINA4-quer-Vorlage.

- Zeichnen Sie ein Rechteck mit den Maßen 200 mm x 60 mm.

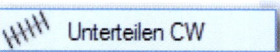

- Wählen Sie das Werkzeug „Unterteilen" aus der Konstruktionspalette und hier die Methode „Ohne Leitlinie unterteilen".

- Stellen Sie die Anzahl der Unterteilungen auf „6" ein und ziehen Sie eine Linie waagerecht durch die Mitte des Rechtecks.

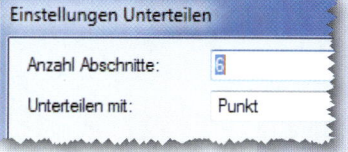

- Zeichnen Sie zwei Quadrate mit der Kantenlänge 40 x 40 und platzieren Sie sie in der Mitte und auf dem sechsten Hilfspunkt des Brettes (Einfügepunkt = Mitte).

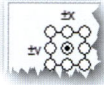

- Zeichnen Sie einen Kreis mit einem Durchmesser von 40 mm und platzieren Sie ihn auf dem zweiten Hilfspunkt.

- Das Dreieck konstruieren Sie am besten in das dritte Rechteck, indem Sie zwei Linien von der oberen Mitte in die beiden unteren Ecken zeichnen. Löschen Sie die überflüssigen Linien des Quadrats mit der Funktion „Wegschneiden", sodass nur noch das Dreieck übrig bleibt.

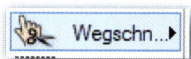

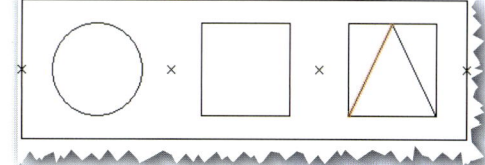

- Fassen Sie die drei Seiten des Dreiecks mit „Ändern – Verbinden" (STRG + ⇧ + J) zu einem Polygon zusammen.

- Löschen Sie die Hilfspunkte.

- Aktivieren Sie das gesamte Objekt. In der Infoanzeige muss jetzt „4 Objekte" stehen.

- Wählen Sie „Ändern – Schnittfläche löschen" (STRG + ,).

- Löschen Sie das Quadrat, das Dreieck und den Kreis. In der Infoanzeige steht jetzt nur noch „Polylinie".

- Wählen Sie „3D Modell – Tiefenkörper anlegen" (STRG + E) und geben Sie für den Z-Wert „20" ein.

- Verändern Sie die Ansicht und die Darstellungsart. Kontrollieren Sie das Ergebnis.

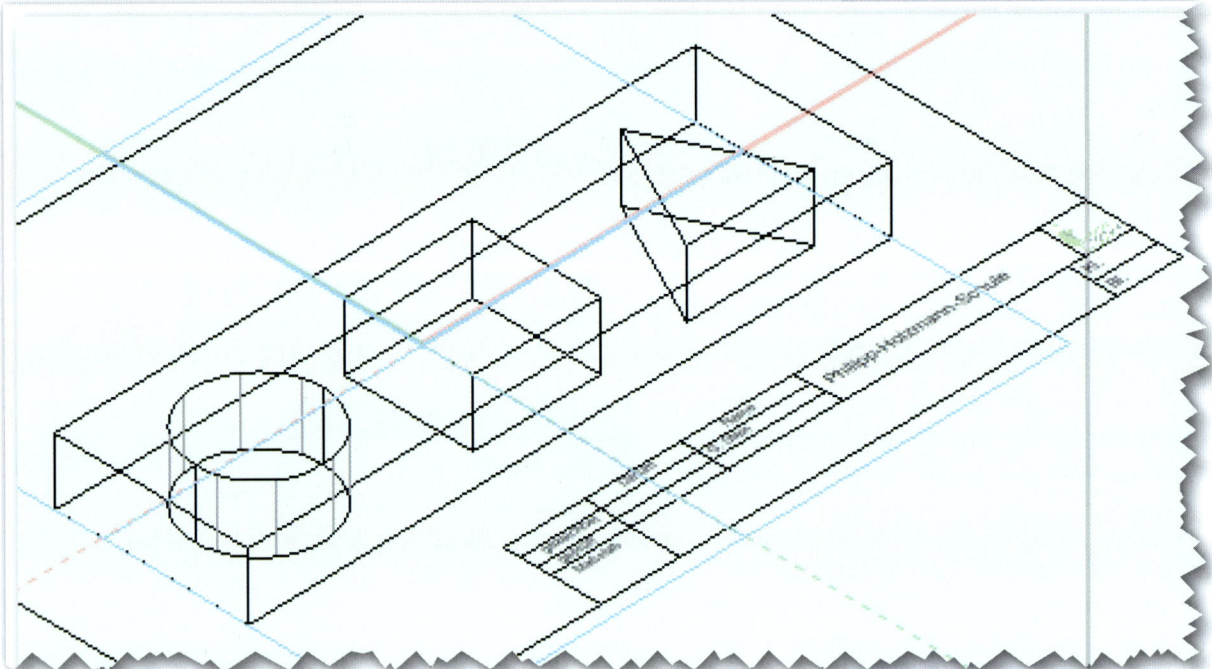

Sie sehen, Vectorworks hat nicht nur den Körper dreidimensional dargestellt, sondern auch den Schriftkopf. So können Sie die Zeichnung natürlich nicht gebrauchen. Wechseln Sie wieder in die 2D-Ansicht (STRG + 5).

Wie Sie zu einer 3D-Zeichnung mit Schriftfeld kommen, wird später erklärt. Jetzt löschen Sie bitte erst einmal das Schriftfeld.

Bevor Sie anfangen, den gesuchten Körper zu zeichnen, nehmen Sie sich erst einmal ein Blatt Papier und einen Bleistift. Dann überlegen Sie, wie der Körper aussehen muss.

Haben Sie eine Lösung gefunden (oder die Geduld verloren ☺), können Sie mithilfe des nächsten Kapitels ans Zeichnen gehen.

Zeichnen des Körpers

Bei der Suche nach einem passenden Körper ist Ihnen sicher aufgefallen, dass bei diesem Körper die Ansichten kreisförmig, quadratisch und dreieckig sein müssen.

Ein Würfel hat nur quadratische Ansichten. Ein Zylinder dagegen hat zwei kreisförmige und quadratische (oder rechteckige) Ansichten. Ein Prisma (Dach) hat drei rechteckige und zwei dreieckige Ansichten. Man müsste also ein „Dach" mit quadratischer Grundfläche und einen Zylinder so miteinander verschmelzen, dass der gesuchte Körper dabei entsteht.

Und das versuchen wir jetzt.

Öffnen Sie Ihre Datei mit dem Brett und stellen Sie die Ansicht wieder auf 2D-Plan und Drahtmodell. Aktivieren Sie das gezeichnete Brett mit den drei Öffnungen und schieben Sie es aus dem Zeichenbereich (wir holen es später wieder rein, jetzt stört es nur).

Aktivieren Sie die Fangfunktionen „Am Raster ausrichten" und „An Objekt ausrichten". Wählen Sie in der Werkzeuggruppe „Konstruktion" mit einem Doppelklick das Werkzeug „Rechteck" und geben Sie für den x- und den y-Wert jeweils „40" ein. Platzieren Sie das Quadrat auf einer beliebigen Stelle.

Zeichnen Sie zwei Linien von den Eckpunkten zur Mitte der oberen Linie und schneiden Sie anschließend die äußeren Linien weg, sodass nur noch ein Dreieck übrig bleibt.

Markieren Sie alle drei Linien, wählen Sie „Ändern – Verbinden" (STRG + ⇧ + J) und verbinden Sie die Linien zu einem Polygon.

Ziehen Sie mit „ STRG + E " das Polygon zu einem Tiefenkörper von 40 mm auf.

Betrachten Sie das Ergebnis in einer anderen Ansicht, z. B. „Rechts vorne oben".

Wechseln Sie in die Ansicht „Vorne".

Wählen Sie mit einem Doppelklick das Werkzeug „Kreis" aus der Konstruktionspalette und geben Sie den Durchmesser „40" ein.

Platzieren Sie den Kreis in die Mitte des Quadrats und ziehen Sie ihn mit „ STRG + E " auf 40 mm auf. Betrachten Sie das Ergebnis in einem Schrägbild, z. B. „Rechts vorne oben".

Wechseln Sie in die Ansicht „Links" und schieben Sie den Zylinder in das Prisma.

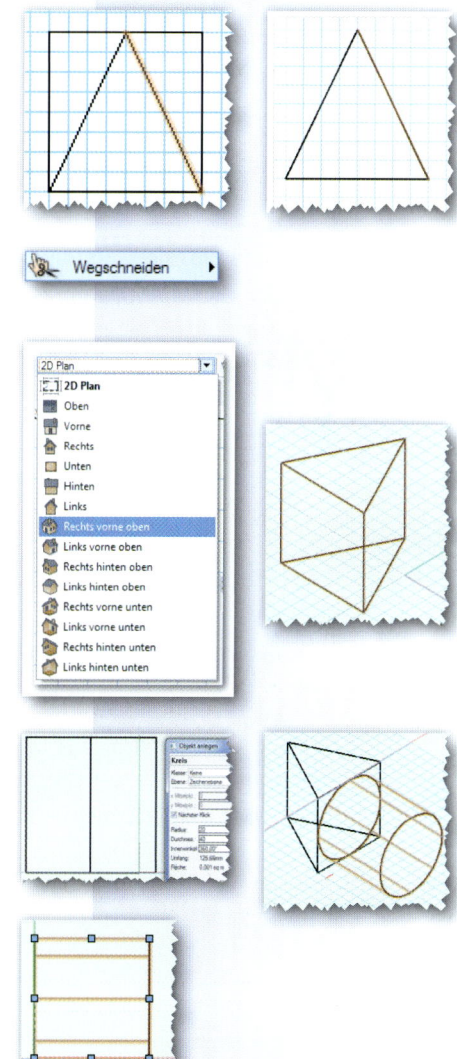

Wechseln Sie wieder in die Ansicht „Rechts vorne oben".

Aktivieren Sie beide Körper und wählen Sie im Menü „3D-Modell" „Vollkörper anlegen – Schnittvolumen anlegen".

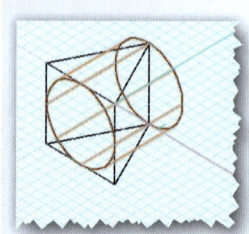

Vollkörper anlegen	▶	Volumen zusammenfügen	Ctrl+Alt+
Rasterbildobjekt anlegen...		Schnittvolumen löschen...	Ctrl+Alt+
		Schnittvolumen anlegen	
In Linienlichtquelle umwandeln...		Volumen schneiden	Ctrl+Umschalt+Alt+

Stellen Sie in der Attributpalette die Flächenfüllung auf „Solid" und wechseln Sie wieder in die Ansicht 2D.

Schieben Sie das Brett wieder in den Zeichenbereich und wählen Sie die Ansicht „Rechts vorne oben" und als Darstellungsart „Open GL".

Das Ergebnis ist schon gar nicht schlecht, allerdings wäre es schöner, wenn beide Objekte „stehen" würden. Sie müssen also gedreht werden.

Wechseln Sie wieder in die Ansicht „Rechts" und die Darstellungsart „Drahtmodell".

Markieren Sie beide Objekte und drehen Sie sie mit „ STRG + L " um 90°.

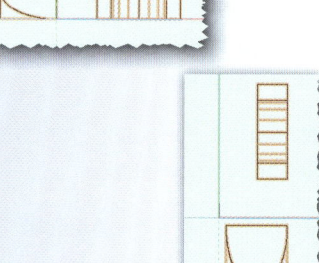

Wechseln Sie wieder in die Darstellungsart „Open GL" und probieren Sie unterschiedliche Darstellungsmöglichkeiten aus.

Anlegen des Planlayouts

Wollen Sie Ihre Zeichnung mit einem ordentlichen Schriftfeld und gleichzeitig in unterschiedlichen Ansichten darstellen bzw. ausdrucken, können Sie Ihre Zeichnung auf eine andere Darstellungsebene (Planlayout) kopieren und hier dann auch wieder Ihr Schriftfeld verwenden. Vectorworks bietet die Möglichkeit, aus der 3D-Zeichnung eine technische Zeichnung in 2D zu erstellen. Selbst Schnitte können aus der 3D-Zeichnung erstellt werden.

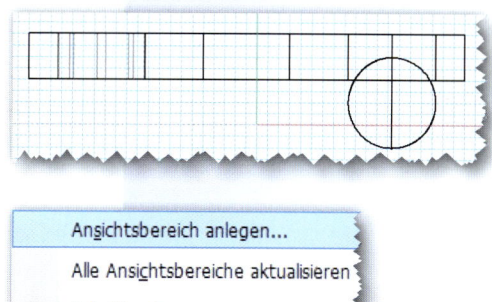

Wechseln Sie wieder in die 2D-Darstellung.

Drücken Sie die rechte Maustaste und wählen Sie „Ansichtsbereich anlegen".

Wählen Sie im sich öffnenden Fenster unter „Ebene" „Neue Layoutebene". Im zweiten Fenster können Sie einen Titel für die Zeichnung eingeben.

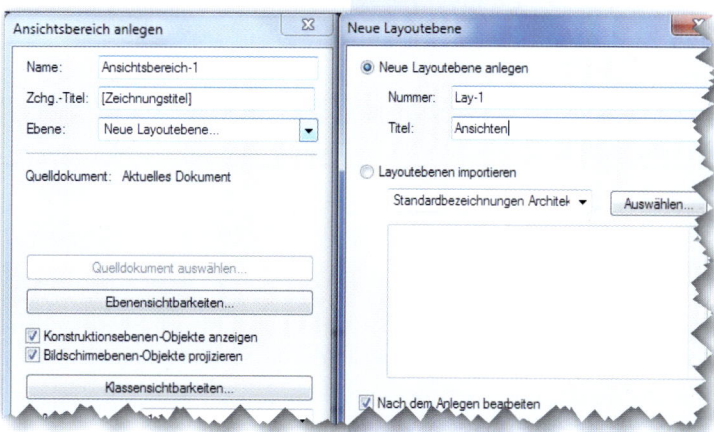

Bestätigen Sie die Eingabe mit „OK". Es öffnet sich ein weiteres Fenster. Hier können Sie je nach Ansprüchen an die Druckqualität die „dpi" (dots per inch) verändern.

Überprüfen Sie unter „Plangröße" noch, ob hier DIN A4 eingestellt ist, und bestätigen Sie die Einstellungen mit „OK".

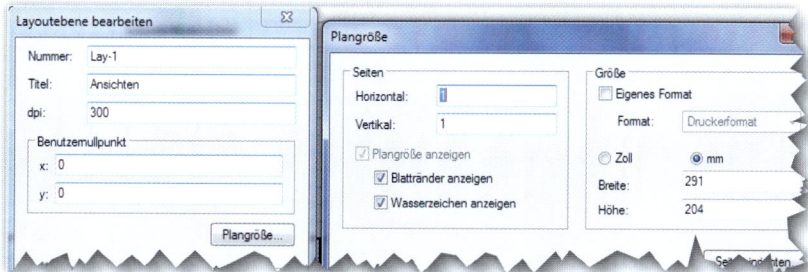

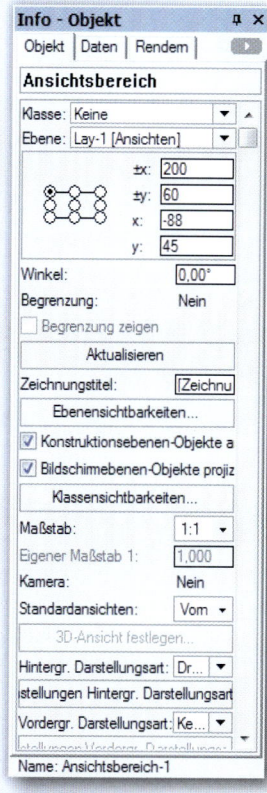

Vectorworks legt jetzt ein neues „Zeichenpapier" (Layer oder Layoutebene) an. Auf den ersten Blick hat sich nichts verändert. Vectorworks hat aber Ihre Zeichnung kopiert und auf eine zweite „Ebene" geschoben. In der Infopalette steht jetzt „Ansichtsbereich". Auf dieser Ebene können Sie nur die Darstellung, nicht aber die Konstruktion Ihres Werkstücks verändern. Wollen oder müssen Sie an der Konstruktion etwas ändern, müssen Sie wieder in die „Konstruktionsebene" wechseln.

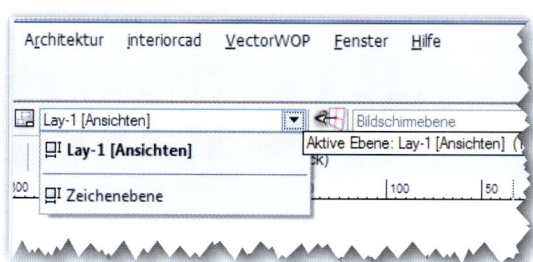

Wechseln Sie in die Konstruktionsebene und verschieben Sie den Durchsteckkörper.

Wechseln Sie wieder in die Layoutebene und schauen Sie sich das Ergebnis an.

Sie sehen, jede Änderung wird sofort in die Layoutebene übernommen.

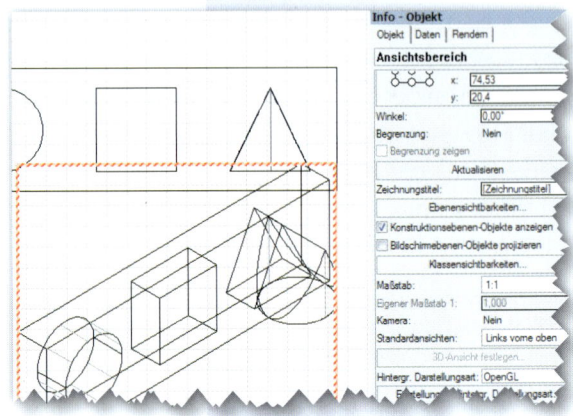

Das Werkstück soll in der Vorderansicht und im Schrägbild dargestellt werden.

Markieren Sie die Ansicht, kopieren Sie sie in den Arbeitsspeicher (STRG + C) und fügen Sie die Kopie wieder ein (STRG + V).

In der Infopalette können Sie jetzt die Art der Ansicht und das Layout wählen. Stellen Sie im Feld „Standardansichten" „Links vorne oben" und im Feld „Hintergr. Darstellungsart" „OpenGL" ein. Die Zeichnung bekommt jetzt einen rotweißen Rahmen. Das bedeutet, dass die Darstellung noch aktualisiert werden muss. Drücken Sie den Schalter „Aktualisieren" in der Infopalette.

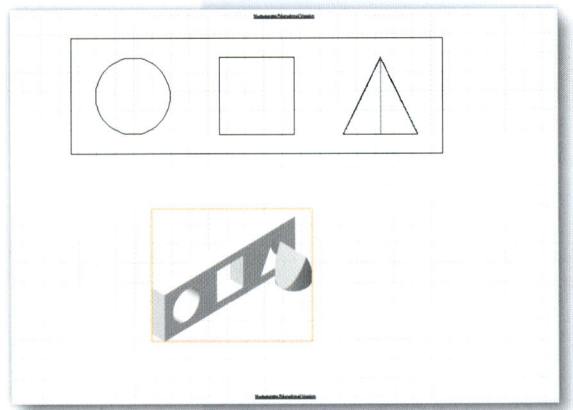

Vorderansicht und Schrägbild passen jetzt nicht auf das Zeichenblatt. Stellen Sie in der Infopalette den Maßstab auf „1:2" und aktualisieren Sie die Ansicht wieder. Sie können mit dem Mauscursor die Zeichnungen auf dem Blatt verschieben.

Das Brett mit den Öffnungen können Sie jetzt noch bemaßen.

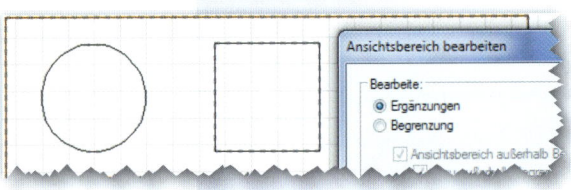

Nach einem Doppelklick auf das Brett wählen Sie in der Maske „Ergänzungen" und bestätigen Sie mit „OK".

Bemaßen Sie das Brett und verlassen Sie den Bereich Ergänzungen.

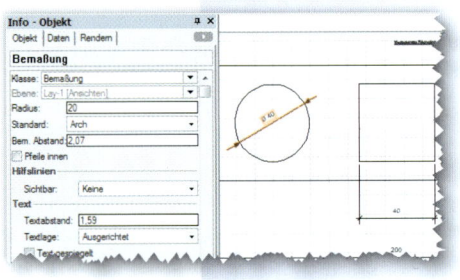

Als letzten Schritt fügen wir jetzt noch unser Schriftfeld in die Zeichnung ein.

Öffnen Sie Ihre Vorlage „Din A4 quer". Markieren Sie alles (STRG + A) und wählen Sie im Menü „Ändern" - „Symbol anlegen". Geben Sie dem Symbol einen Namen, z. B. „Schriftfeld A4 quer", setzen Sie ein Häkchen in das Feld „Original erhalten" und wählen Sie als Einfügepunkt die linke untere Ecke. Bestätigen Sie mit „OK".

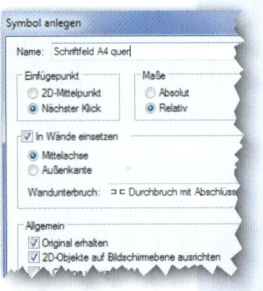

In der Infopalette steht „2D Objekt". Sie können jetzt das Symbol markieren, in den Arbeitsspeicher kopieren und in Ihre Symboldatei (vgl. S. 35) einfügen. Schließen Sie außer Ihrer aktuellen Zeichnung und der Symboldatei alle anderen Zeichnungen.

Wenn Sie jetzt in der Zubehörpalette den kleinen Pfeil neben dem Dateinamen Ihrer Zeichendatei drücken, sehen Sie, dass auch Ihre Symboldatei aufgeführt wird.

Unter „Symbole/Objekte" können Sie sich den Inhalt der Symboldatei anzeigen lassen. Jetzt können Sie das Schriftfeld mit der Maus in Ihre Zeichnung ziehen.

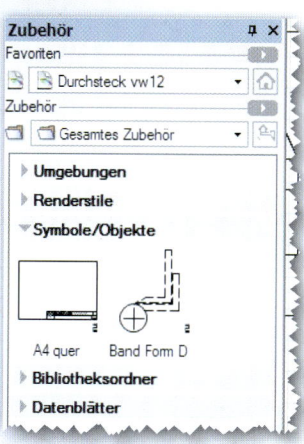

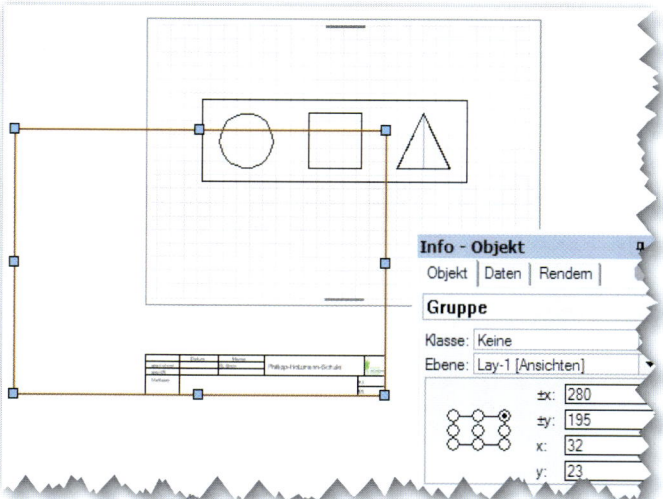

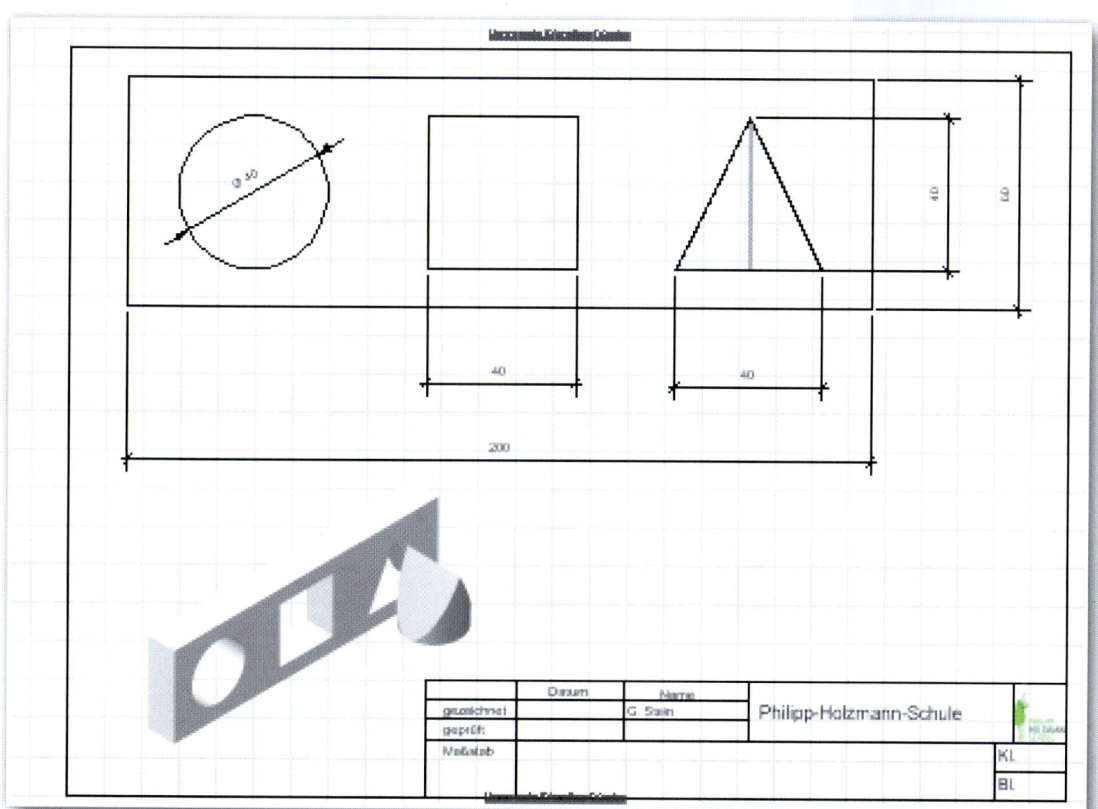

3.2 Schreibtischablage

Zeichnen der Grundplatte

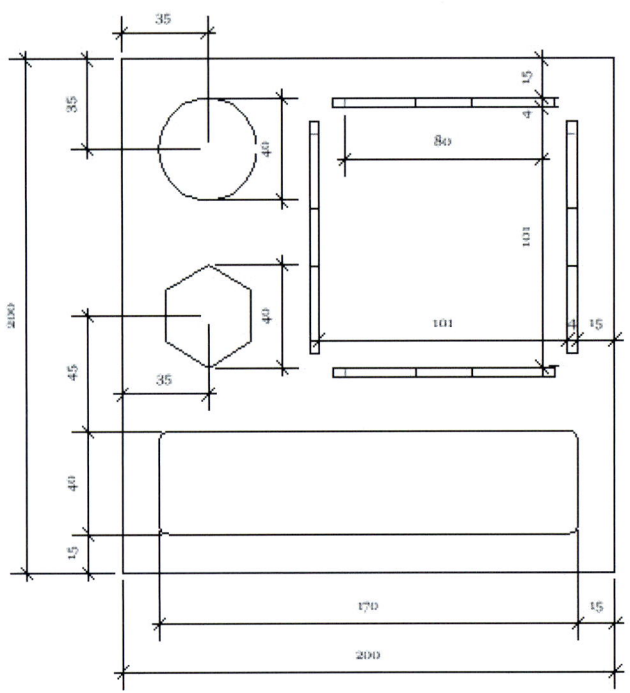

Öffnen Sie Ihre Symboldatei und eine neue Datei aus einer Vorlage ohne Schriftfeld (oder Schriftfeld löschen).

- Ziehen Sie ein Rechteck mit den Maßen 200 x 200 auf und erstellen Sie mit „ STRG + E " einen Tiefenkörper mit 16 mm Stärke.

- Zeichnen Sie ein weiteres Rechteck mit den Maßen 170 x 40 von der linken unteren Ecke des Rechtecks aus und verschieben Sie es (STRG + M) um 15 mm in x-Richtung und 15 mm in y-Richtung.

- Runden Sie die Ecken mit „Verrunden" um 4 mm ab. Wählen Sie hierzu die dritte Methode „Kreisbogen zeichnen und Teilstücke löschen" und stellen Sie auf 4 mm Radius ein.

- Klicken Sie die Kanten an, die Sie abrunden wollen.

- Erstellen Sie aus dem Rechteck einen Tiefenkörper mit einere Dicke von 10 mm.

- Wechseln Sie zur Ansicht „Vorne".

  Der zweite Tiefenkörper liegt auf der unteren Ebene. Er muss also nach oben geschoben werden. Drücken Sie die rechte Maustaste und wählen Sie „3D Ausrichten". Stellen Sie „Ausrichten" und „Maximum" ein und bestätigen Sie mit „OK".

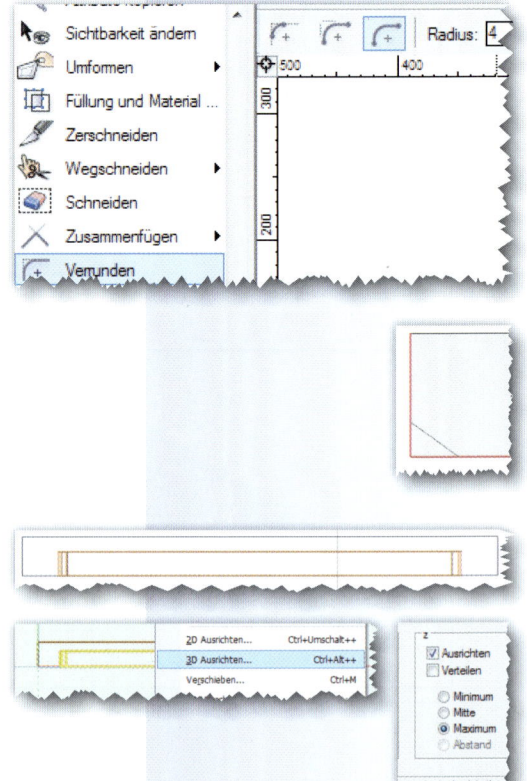

- Wählen Sie beide Elemente an und wählen Sie im Menü 3D-Modell „Schnittvolumen löschen".

- Wechseln Sie in die Ansicht „Rechts vorne oben", wählen Sie als Darstellungsart „Renderworks" und kontrollieren Sie das Ergebnis.

- Wechseln Sie wieder zur Ansicht „2D-Plan" ([STRG] + [5]).

- Zeichnen Sie ein Quadrat mit den Maßen -101 x -101 mm von der rechten oberen Ecke aus nach links und nach unten und verschieben Sie es mit „[STRG] + [M]" (2D verschieben) um jeweils -15 mm in x- und y-Richtung. Dieses Rechteck dient als Hilfskonstruktion und wird später wieder gelöscht.

- Zeichnen Sie ein weiteres Rechteck, diesmal aber mit der Einstellung „Rechteck durch Mittelpunkt definieren" auf die Mitte der unteren Kante des eben gezeichneten Rechtecks. Geben Sie als Maße 40 und 2 mm ein. Verschieben Sie es in -y-Richtung um 2 mm nach unten.

- Ziehen Sie einen Tiefenkörper von 12 mm auf und positionieren Sie ihn an der Oberkante des Brettes (Beschreibung siehe oben).

- Spiegeln Sie den Tiefenkörper nun erst nach oben und dann diagonal nach rechts und links.

- Wählen Sie alle vier Rechtecke und die Grundplatte an und wählen Sie wieder die Funktion „Schnittvolumen löschen" ([STRG] + [ALT] + [,]).

  Löschen Sie das Hilfsquadrat und kontrollieren Sie das Ergebnis durch Wechseln der Ansicht und Darstellungsart.

- Zeichnen Sie nun den Kreis und das Sechseck. Das Sechseck können Sie mit der Funktion „Polygon" zeichnen. Wenn Sie es anwählen, drücken Sie die rechte Maustaste und wählen „Regelmäßiges Vieleck". Sie können jetzt die Konstruktionsart und die Anzahl der Ecken auswählen.

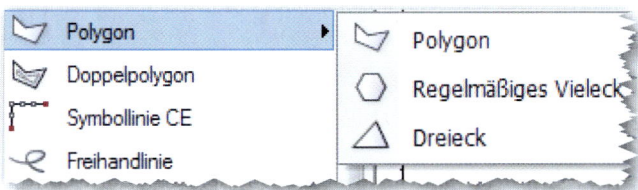

- Ziehen Sie beide zu Tiefenkörpern von 10 mm auf, positionieren Sie die Körper an der Oberkante des Brettes und löschen Sie die Schnittvolumen.

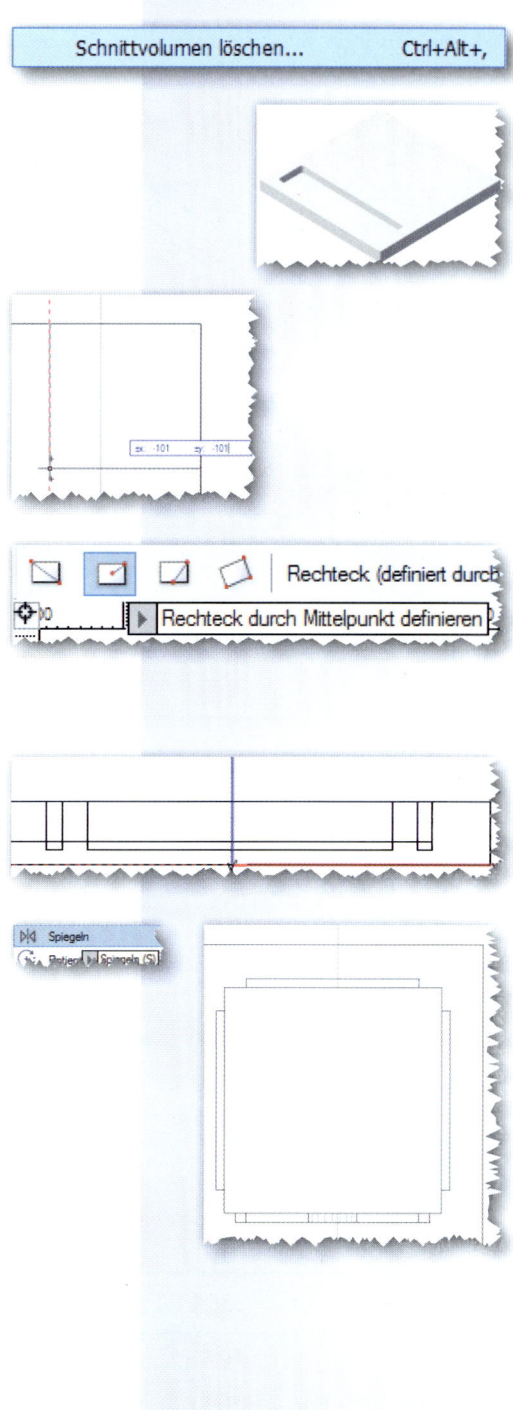

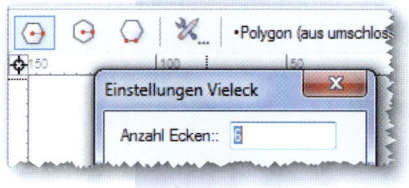

- Kontrollieren Sie durch Wechsel der Darstellungsart.

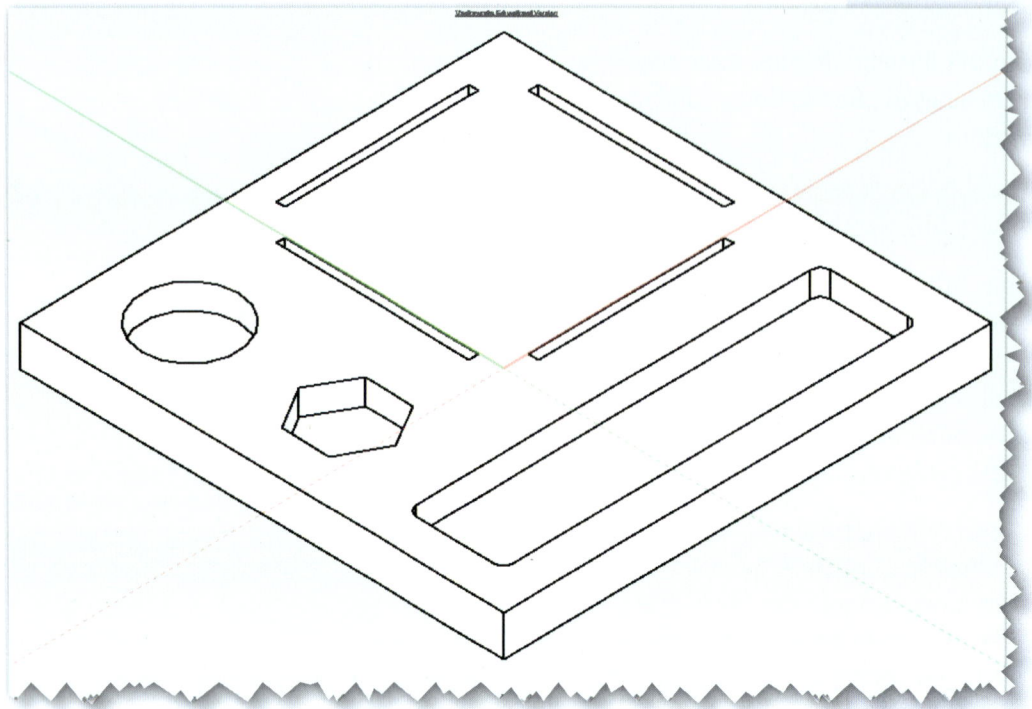

Zeichnen der Stützen für den Zettelblock

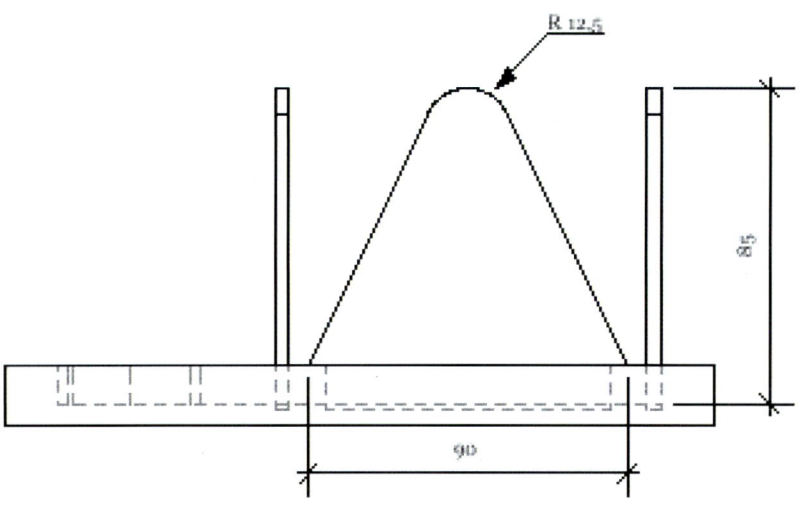

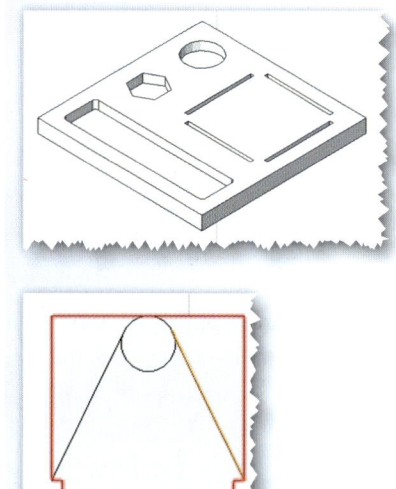

Das Zeichnen der Stütze können Sie schon ohne oder nur mit einer kurzen Beschreibung zeichnen. Hier ein paar Tipps. Selbstverständlich können Sie auch anders zeichnen.

1. Wählen Sie als Ansicht „2D-Plan".

2. Konstruieren Sie zuerst ein Rechteck neben der Grundplatte und wandeln Sie es dann in die gewünschte Form um. Alle hierfür notwendigen Funktionen haben Sie schon beim 2D-Zeichnen kennen gelernt.

3. Fassen Sie die einzelnen Linien zu einer Polylinie zusammen (STRG + ⇧ + J).

4. Ziehen Sie einen Tiefenkörper von 4 mm auf.

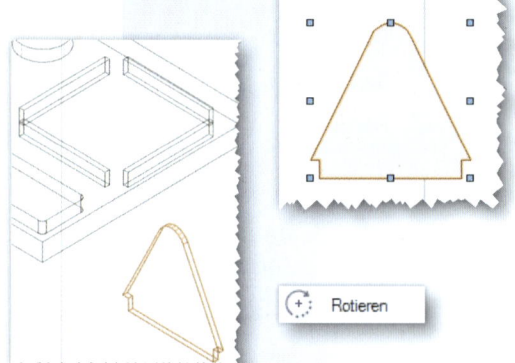

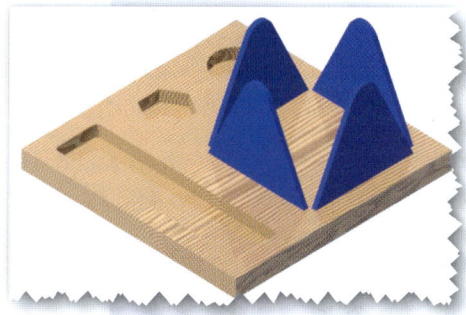

5. Wechseln Sie in die Ansicht von rechts.

6. Drehen Sie den Tiefenkörper um 90°

7. Wechseln Sie in die Ansicht „Links vorne oben" und betrachten Sie das Ergebnis.

8. Positionieren Sie die Stütze in der Nut.

9. Wechseln Sie wieder in die 2D-Plan Ansicht und spiegeln Sie die Stütze an die entsprechenden Stellen.

10. Kontrollieren Sie das Ergebnis in unterschiedlichen Ansichten und Darstellungsarten.

3.3 „It's teatime"

Öffnen Sie eine leere Datei aus einer Vorgabe (z. B. A3) oder erstellen Sie eine neue (Einstellungen beachten, also z. B. Maßstab = 1:1).

Die abgebildeten Paletten sollten geöffnet sein.

Anlegen von Klassen

- In den Klassen werden die Eigenschaften der einzelnen Zeichnungsteile festgelegt, z. B. Linienart, Strichstärke und Schraffuren. Das geht zwar auch später noch, man ist aber schneller, wenn man schon vor Zeichnungsbeginn die einzelnen Klassen festlegt. Also am besten gleich angewöhnen.

- Vorhanden sein sollten nur die Klassen „Bemaßung" und „Keine". Sind noch weitere vorhanden, bitte löschen.

- Öffnen Sie das Menü zum Bearbeiten von Klassen durch Klick auf das kleine Quadrat.

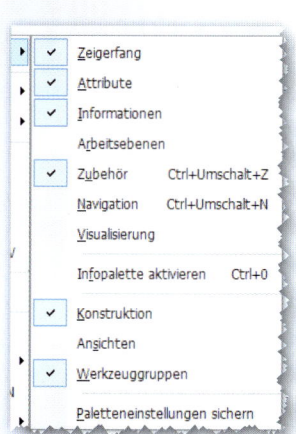

- Wählen Sie hier den Schalter „Neu".

- Nennen Sie die Klasse „Längsholz waagerecht" und setzen Sie ein Häkchen bei „Nach dem Anlegen bearbeiten".

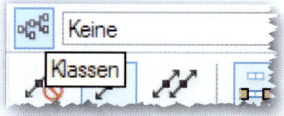

- Nehmen Sie die abgebildeten Einstellungen vor. Wenn die abgebildete Schraffur nicht vorhanden ist, wählen Sie eine ähnliche. Das Erstellen von Schraffuren wird später erklärt.

  Legen Sie für die Rundstäbe aus Aluminium eine weitere Klasse an.

Zeichnen des Stövchens

- Aktivieren Sie die Klasse „Längsholz waagerecht". Alle Elemente, die Sie jetzt zeichnen, werden automatisch dieser Klasse zugeordnet. Zeichnen Sie ein Rechteck mit den Maßen 16 x 165 und ziehen Sie es mit „ STRG + E " zu einem Quader von 80 mm Höhe auf.

- Wechseln Sie in die Ansicht „Rechts vorne oben" (Zahl 3 im Nummernblock auf der Tastatur).

- Wählen Sie in der Konstruktionspalette das Werkzeug „Kreis" mit einem Doppelklick an und geben Sie für den Radius 5 mm ein.

- Bewegen Sie den Mauscursor auf die vordere obere Ecke des Quaders, die Fläche leuchtet blau auf. (Sollte die Fläche nicht blau aufleuchten, drücken Sie die Taste „A".) Positionieren Sie den Kreis an der Ecke. Ziehen Sie den Kreis mit „ STRG + E " zu einem 150 mm langen Zylinder auf.

- Wechseln Sie wieder mit „ STRG + 5 " in die Ansicht von oben und verschieben Sie den Stab mit „3D Verschieben" STRG + ALT + M in x-Richtung um -10, in y-Richtung um 20 und in z-Richtung um -2 mm.

- Die übrigen Stäbe konstruieren Sie mit dem Befehl „Verschieben/Kopieren. Drücken Sie die Taste „ M ", wählen Sie in der Methodenzeile die erste und die dritte Einstellung und tragen Sie für die Anzahl der Duplikate „5" ein.

  Vergrößern Sie den Bildausschnitt, wählen Sie die Mitte der Stange an und bewegen Sie die Maus nach oben. Drücken Sie die Tabulatortaste und geben Sie den Wert „25" ein. Bestätigen Sie zweimal mit „ ↵ ".

- Die Stäbe und die Seite sind jetzt übereinander gezeichnet. Das sieht zwar schon ganz gut aus, ist aber so nicht richtig. Eigentlich müssen für die Stäbe ja erst „Bohrungen" angefertigt werden, in die man sie dann einfügen kann.

  Markieren Sie alle Stäbe und kopieren Sie sie mit „ STRG + C " in den Arbeitsspeicher.

  Markieren Sie alle Stäbe und die Seite STRG + A .

  Wählen Sie unter „3D-Modell" „Schnittvolumen löschen" oder „ STRG + ALT + , ". Achten Sie darauf, dass die Seite rot umrandet ist, und bestätigen Sie mit „ ↵ ".

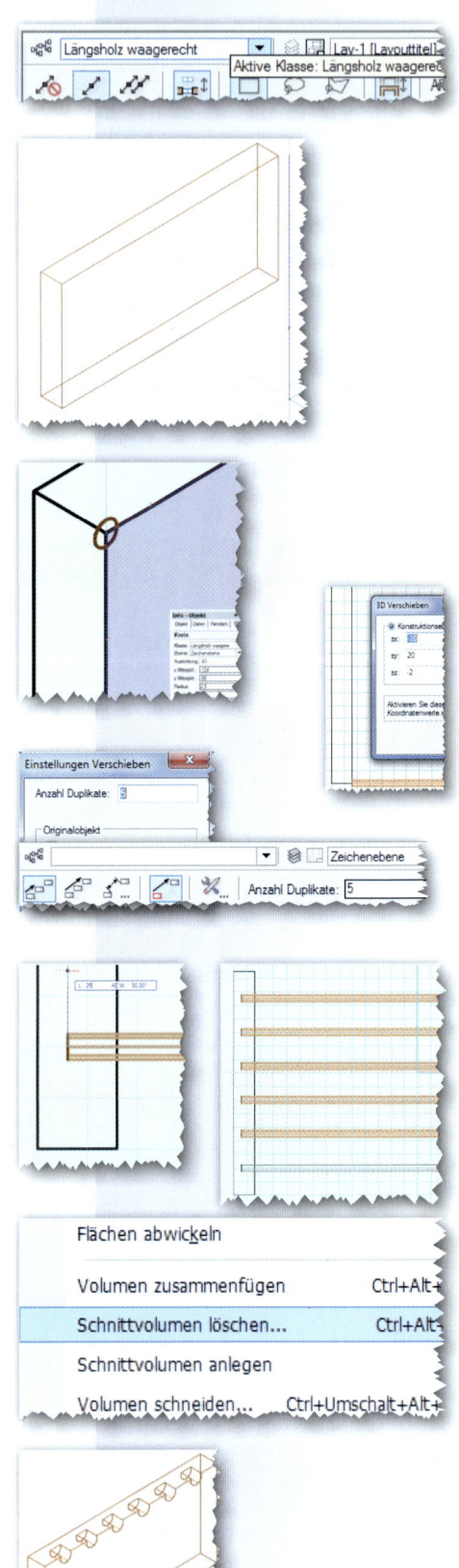

- Fügen Sie die Stäbe mit „[STRG] + [ALT] + [V]" (Einfügen am Ort) wieder ein.

- Konstruieren Sie die unteren Stäbe auf die gleiche Weise. Zeichnen Sie hierfür zuerst die zwei linken (oder rechten) und spiegeln Sie sie dann auf die andere Seite.

  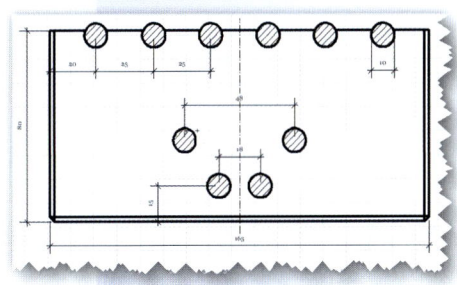

  Anschließend können Sie dann wieder über „Schnittvolumen löschen" die Bohrungen herstellen. Vergessen Sie nicht, die Stäbe vorher in den Arbeitsspeicher zu kopieren.

- Damit die Seiten nicht so klobig wirken, werden sie noch mit einer Fase von 2 mm versehen.

  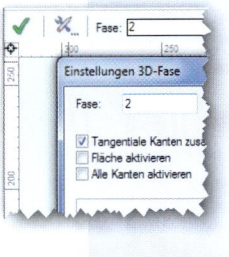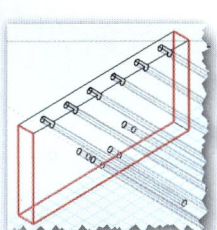

  Wählen Sie hierzu unter „Modellieren" „Abfasen 3D" und hier die abgebildeten Einstellungen.

  Wählen Sie alle zu fasenden Kanten an („[⇧]"-Taste drücken) und bestätigen Sie mit „[↵]".

  Beachten Sie: Die oberen Kanten werden nicht gefast.

- Auch die zweite Seitenwand konstruieren Sie mit der „Spiegelfunktion". Damit Sie die Spiegelachse ziehen können, setzen Sie einen 3D-Hilfspunkt im Abstand von 65 mm zur Seitenwand.

  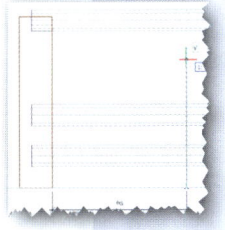

- Wechseln Sie in die Darstellungsart „OpenGL". Wenn Sie jetzt die [STRG]-Taste und das Mausrad drücken, können Sie das Ergebnis von allen Seiten betrachten.

- Für eine perfekte Darstellung müssen aber noch geeignete Materialien ausgewählt werden. Vectorworks bietet einige Texturen (so heißen die Muster von Materialien) an, diese sind in Bibliotheken abgelegt. Über die Zubehörpalette lassen sie sich öffnen. Für die Seiten eignet sich Massivholz und für die Rundstäbe Metall.

  Wählen Sie den kleinen Pfeil neben dem Dateinamen „Stoevchen" an und dann unter „Bibliotheken" „Vectorworks Bibliotheken".

Wählen Sie anschließend den Ordner „3D-Materialien" und hier die Datei „HolzMAT" (Achtung: Dieser Pfad ist natürlich rechnerabhängig.)

Sie können sich die Datei als Liste oder als Vorschau anzeigen lassen. Mit einem rechten Mausklick kommen Sie zu der Auswahl.

Aktivieren Sie nun beide Seitenwände und wählen Sie ein geeignetes Material mit einem Doppelklick auf die linke Maustaste aus. Weisen Sie auch den Stäben ein geeignetes Material zu.

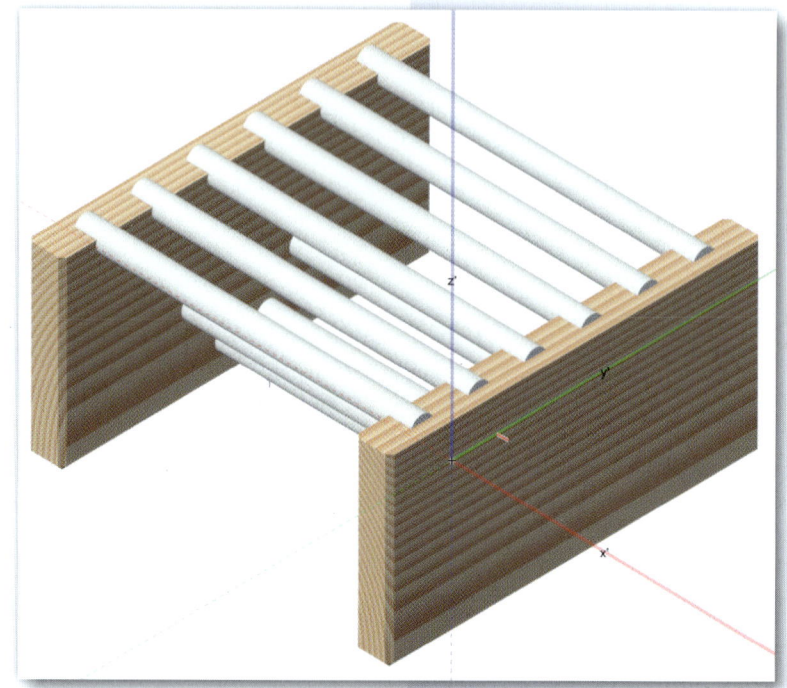

Planlayout

Die angefertigte Zeichnung eignet sich sicher für eine Präsentation, bauen kann man das Stövchen danach nicht. Für den Bau braucht man eine maßstäbliche 2D-Zeichnung mit Material- und Maßangaben.

Wie man eine Zeichnung anschaulich präsentieren kann, haben Sie im Kapitel 3.1 „Körper gesucht" schon gelernt. Mit Vectorworks haben Sie aber auch die Möglichkeit, aus einer 3D-Zeichnung Schnitte, also eine zweidimensionale technische Zeichnung, zu erstellen.

Wechseln Sie wieder zur Darstellung „Drahtmodell".

Wählen Sie im Menü „Ansicht" „ Ansichtsbereich anlegen".

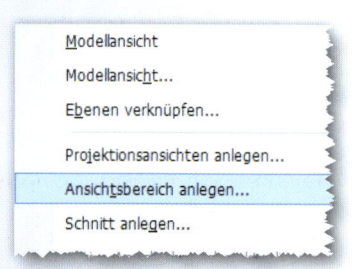

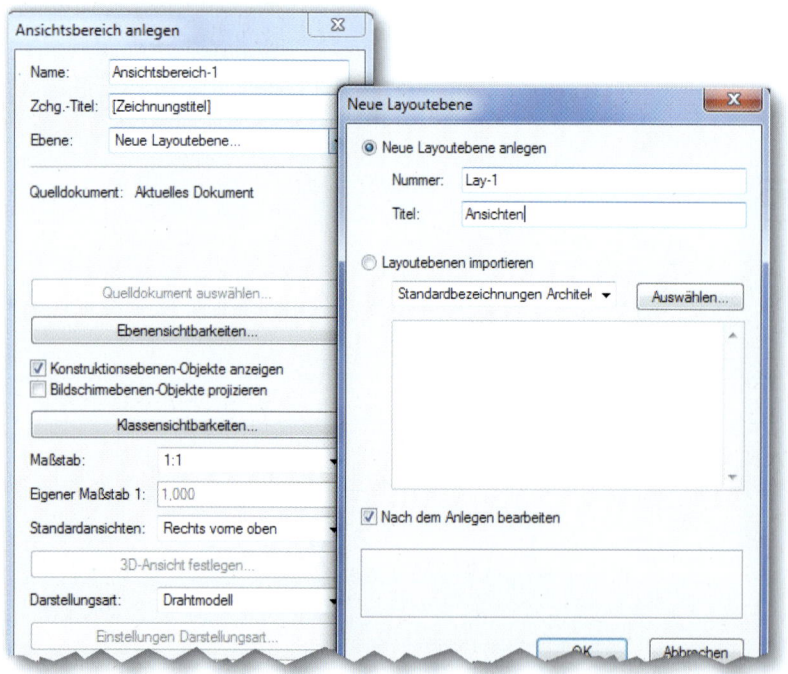

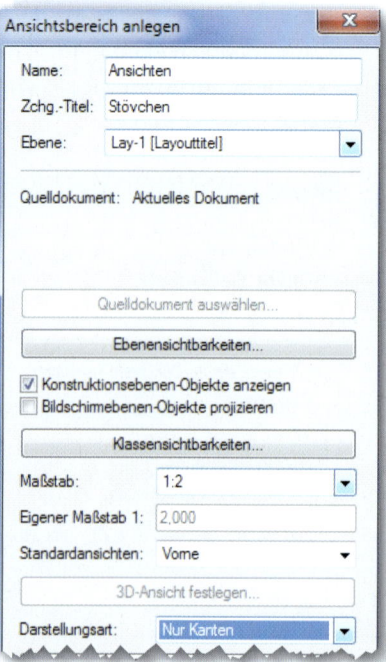

Wählen Sie als Papierformat DIN A4 quer (vgl. Abbildung).

Als Maßstab geben Sie „1:2", als Standardansicht „Vorne" und als Darstellungsart „Nur Kanten" ein.

Bestätigen Sie mit „OK".

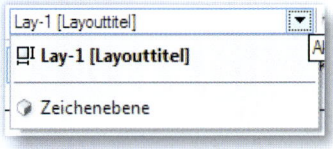

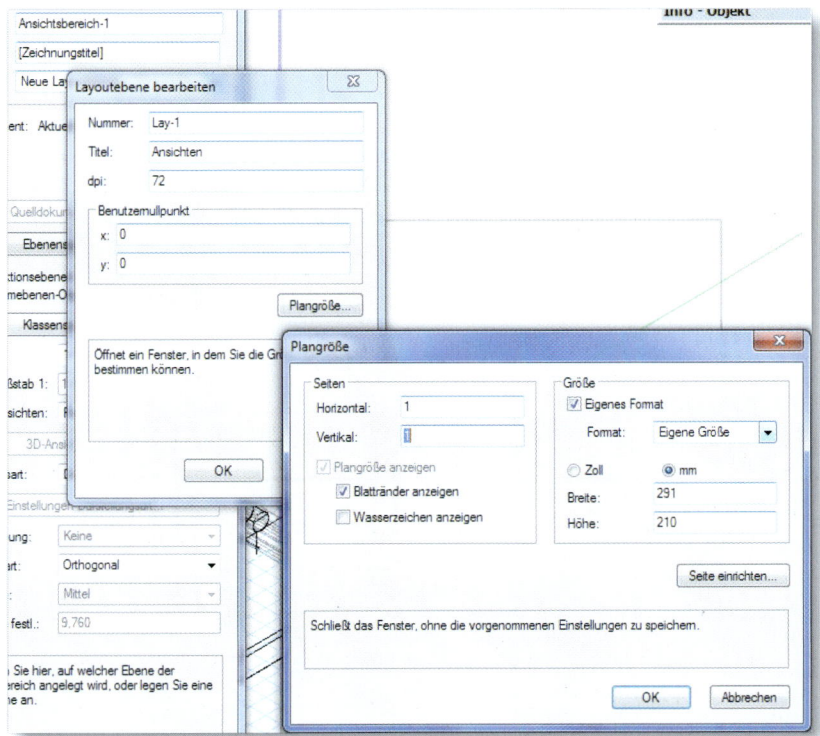

Vectorworks hat die Zeichnung jetzt auf ein zweites „Blatt" kopiert (vgl. S. 45).

Wir wollen alle drei Ansichten und eine Perspektive erstellen.

Kopieren Sie hierfür die Ansicht mit „ STRG + C " in den Arbeitsspeicher und fügen Sie sie mit „ STRG + V " dreimal ein.

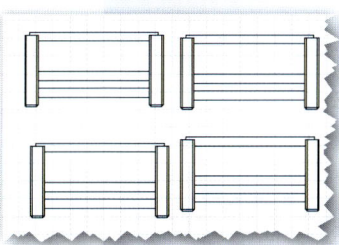

Wählen Sie eine Ansicht an und ändern Sie in der Infopalette die Ansicht von „Vorne" auf „Links". Wählen Sie anschließend „Aktualisieren".

Aktivieren Sie nacheinander die anderen Ansichten und wählen Sie „Oben" bzw. „Rechts vorne oben".

Bei der Parallelprojektion wählen Sie als „Hintergr. Darstellungsart" „Renderworks" aus.

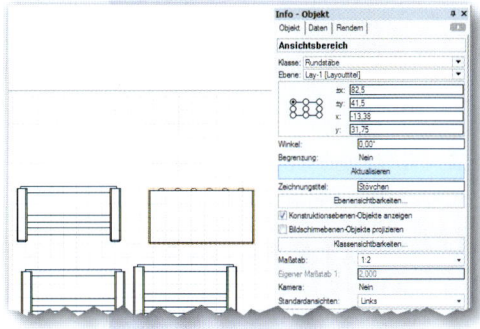

Verteilen Sie nun Ihre Ansichten gleichmäßig auf dem Zeichenblatt. Der Abstand zwischen den Ansichten sollte 30 mm betragen, dann haben Sie noch genug Platz für die Bemaßung.

Wie man eine Zeichnung bemaßt, wissen Sie schon. Hier müssen Sie aber noch beachten, dass Sie die Ansichten im Maßstab 1:2 angefertigt haben. Wenn Sie jetzt bemaßen, werden die Maße auch nur mit halbem Wert angegeben. Um dies zu vermeiden, wählen Sie eine Ansicht mit einem Doppelklick an, es öffnet sich ein Eingabefenster. Klicken Sie „Ergänzungen" an und bestätigen Sie mit „OK".

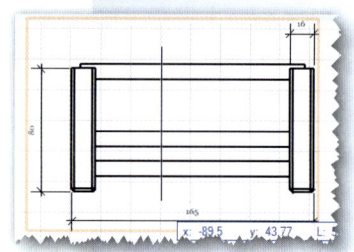

Die gewählte Ansicht wird jetzt im Maßstab 1:1 geöffnet und Sie können die Maße eintragen. Über „Ansicht Ergänzungen verlassen" kommen Sie zur Layoutebene zurück. Tragen Sie alle für die Hauptzeichnung notwendigen Maße ein.

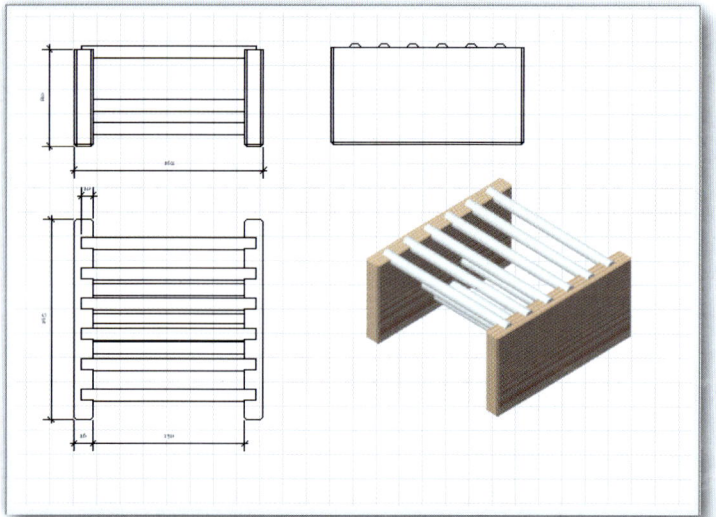

Die Ansichtszeichnung ist so weit fertig. Es fehlt nur noch das Schriftfeld. Wie man das einfügt, wissen Sie schon aus dem Kapitel 3.1 „Körper gesucht", S. 46.

Jetzt müssen noch die Bohrungen bemaßt werden.

Hierfür eignet sich ein Vertikalschnitt.

Aktivieren Sie die Vorderansicht und wählen Sie im Menü „Ansicht" „Schnitt anlegen". Ziehen Sie eine Linie durch die Ansicht und bewegen Sie dann den Cursor nach links, bis der schwarze Pfeil nach links weist, und bestätigen Sie mit „ ⏎ ".

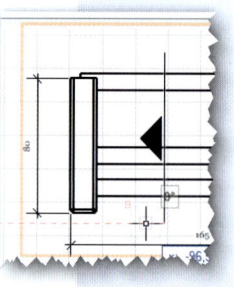

Wählen Sie in dem sich öffnenden Fenster „Neue Layoutebene anlegen" aus und bestätigen Sie.

Als Plangröße wählen Sie wie in der Ansichtszeichnung DIN A4 quer. Als Maßstab nehmen Sie 1:1.

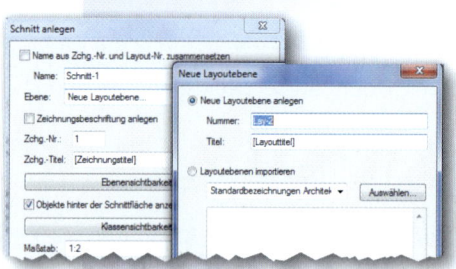

Vectorworks legt jetzt eine weitere neue Ebene (Zeichenblatt) an, auf der der Schnitt dargestellt wird. Sie können die Zeichnung jetzt positionieren und genauso wie die Ansichtszeichnung weiterbearbeiten.

Da die Stäbe geschnitten sind, müssen sie schraffiert dargestellt werden. Wir haben, bevor wir mit dem Zeichnen begonnen haben, Klasseneigenschaften festgelegt und hier auch schon Schraffuren zugewiesen.

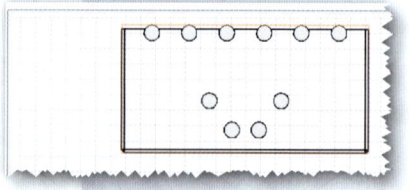

Damit diese auch angezeigt werden, klicken Sie in der „Info-palette „Einstellungen" an und setzen Sie ein Häkchen in das Kästchen „Originalattribute der Objekte verwenden".

Ziehen Sie eine Mittellinie durch den Schnitt und bemaßen Sie die Seite.

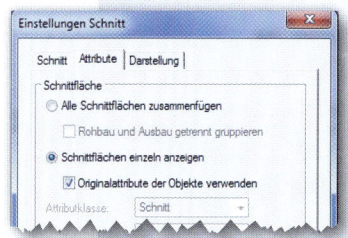

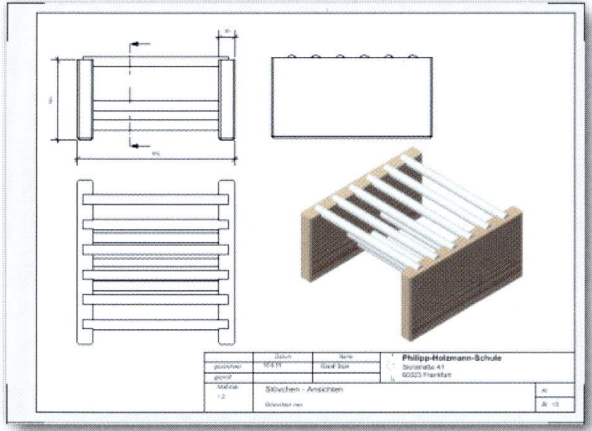

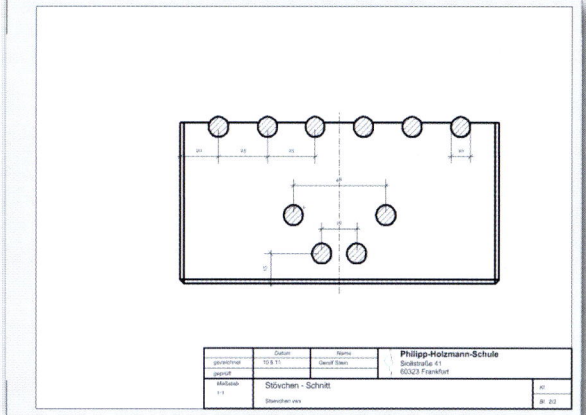

3.4 Schmiege

Diese Übung können Sie auch ohne größere Anleitung zeichnen. Die aufgeführten Arbeitsschritte sind lediglich Vorschläge.

Körper (Maße siehe nächste Seite)

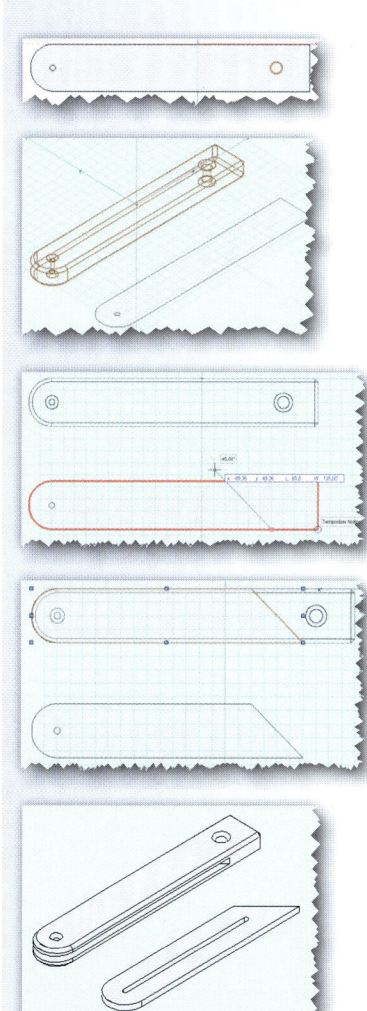

- Rechteck für Schmiegenkörper zeichnen.

- Rechteck abrunden.

- Kreise für Bohrungen setzen.

- Rechteck und linken Kreis kopieren.

- Kreise aus der ersten Fläche löschen ⌂STRG⌂ + ⌂.⌂, dann Kreise lö-schen.

- Tiefenkörper anlegen.

- Körper und Bohrungen fasen.

- Klasse zuweisen.

Zunge

- Schräge mit „Zerschneiden" abschneiden. Polylinie in Infopalette schließen.

- Tiefenkörper aufziehen.

- Zunge mit gedrückter ⌂STRG⌂-Taste auf (in) den Körper schieben (Zunge wird dabei kopiert).

- In Seitenansicht wechseln, Zunge markieren und über Infopalette in z-Richtung um 6 mm verschieben.

- Zunge und Körper markieren und Schnittvolumen löschen.

- Langloch zeichnen, zum Tiefenkörper aufziehen und Schnittfläche löschen.

- Zunge und Körper zusammensetzen.

- Klasse zuweisen.

Planlayout anlegen

Damit Sie die Schmiege gleichzeitig in ihren Einzelteilen und im zusammengesetzten Zustand darstellen können, arbeiten Sie in folgenden Schritten:

- Beide Teile kopieren, den Kopien eigene Klassen zuweisen.

- Einzelteile anordnen (Teil 1: Einzelteile untereinander; Teil 2: zusammengesetzt mit gedrehter Zunge).

- Ansichtsbereich anlegen (M = 1:1,5).

- Kopien über die „Klassensichtbarkeiten" ein- bzw. ausblenden.

- Ansichten anordnen, Zeichnung bemaßen, Plankopf einfügen und ausfüllen.

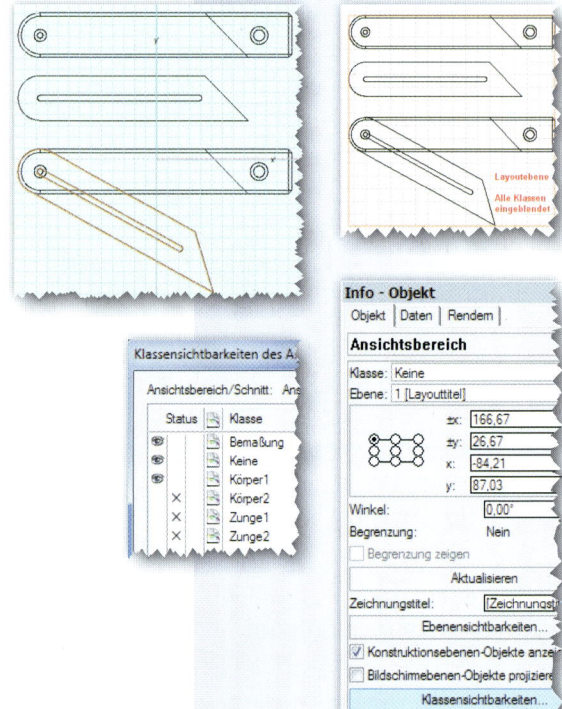

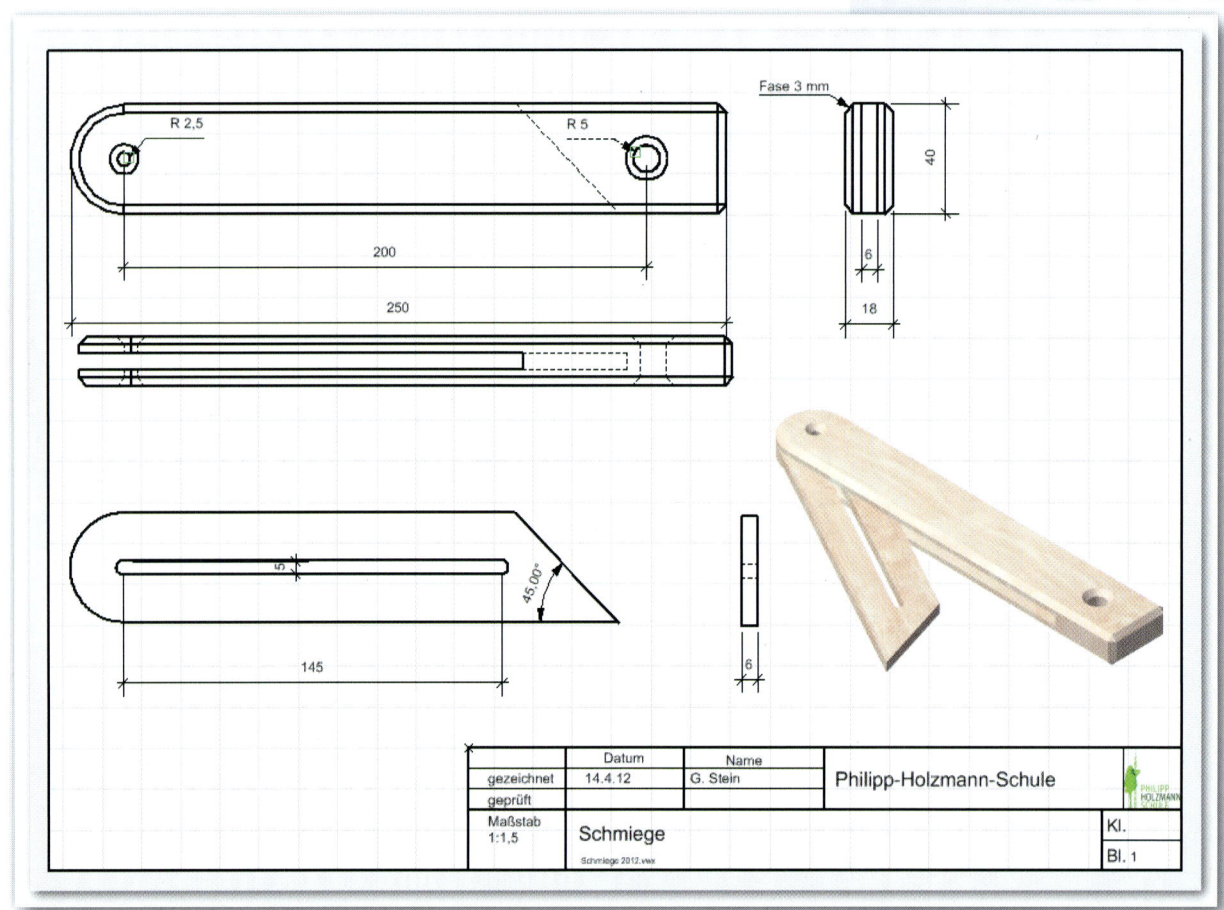

	Datum	Name			
gezeichnet	14.4.12	G. Stein	**Philipp-Holzmann-Schule**		
geprüft					
Maßstab 1:1,5	**Schmiege**			Kl.	
	Schmiege 2012.vwx			Bl. 1	

3.5 Zinkenverbindung am Beispiel CD-Board

In manchen Betrieben erhalten gute Kunden zu Weihnachten ein Werbegeschenk.

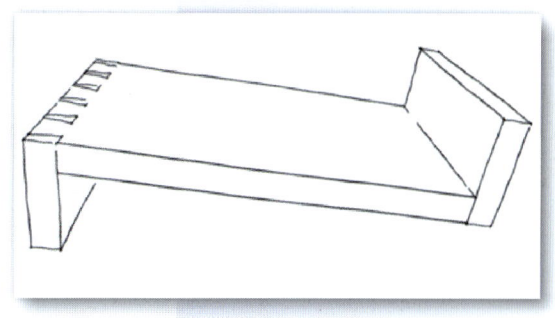

Hierfür werden über das Jahr Massivholzreste gesammelt und immer dann, wenn die Auftragslage es gestattet, werden von den Auszubildenden kleine Schmuckstücke erstellt.

So soll auch das skizzierte 300 mm lange und 68 mm hohe Tischboard hergestellt werden.

Es ist gleichzeitig eine schöne Übung für die Handprobe in der Zwischen- oder Gesellenprüfung.

Zeichnen Sie das CDBoard in Ansichten und Schnitten sowie als Perspektive.

Konstruktionsvorschlag

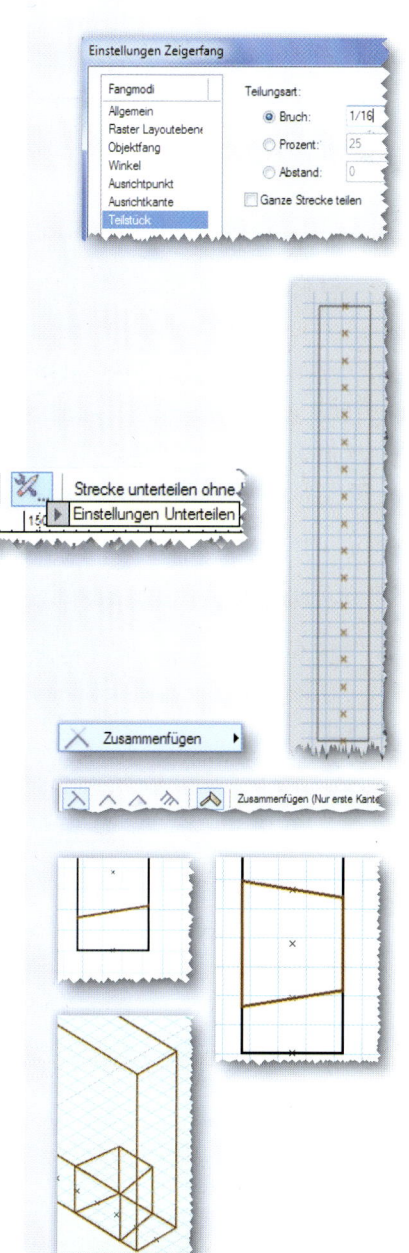

- Zeichnen Sie den Querschnitt des Zinkenteils (18 x 150).

- Berechnen Sie die Anzahl der Teile z. B. nach folgender Methode:

$$\frac{\text{Holzbreite}}{\text{halbe Holzdicke}} = \text{Anzahl der Teile}$$

- Ergebnis auf- oder abrunden auf eine Zahl der folgenden Reihe: 4, 7, 10, 13, 16, …

- Wählen Sie den Befehl „Unterteilen" und hier die Methode „Ohne Leitlinie unterteilen".

- Wählen Sie „Einstellung – Unterteilen" und tragen Sie die Anzahl bei „Anzahl Abschnitte" ein.

- Ziehen Sie eine Linie mit den Unterteilungen über den Querschnitt.

  Die Hilfspunkte werden von Vectorworks gesetzt.

- Zeichnen Sie vom 2. Teilungspunkt eine Linie im Winkel von 9° bis zur Kante des Rechtecks. Verlängern Sie die Linie mit dem Werkzeug „Zusammenfügen" bis zur gegenüberliegenden Kante.

- Spiegeln Sie die Linie durch den nächsten Teilungspunkt und verbinden Sie die zwei Linien, sodass ein Trapez entsteht. Markieren Sie alle vier Linien und verbinden Sie sie zu einer Fläche (STRG + ⇧ + J).

- Ziehen Sie die Fläche auf Materialdicke auf (18 mm).

- Ziehen Sie das Rechteck auf 68 mm auf.

- Wechseln Sie in die Ansicht „Links vorne oben", wählen Sie beide Körper an und drücken Sie die rechte Maustaste. Schieben Sie die „Schwalbe" mit „3D Ausrichten" nach oben.

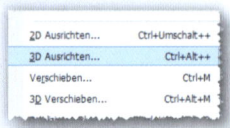

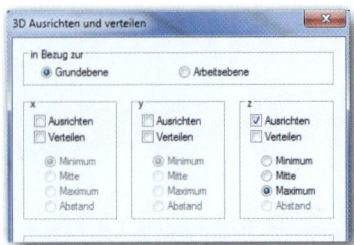 

- Wechseln Sie wieder in die 2D-Ansicht.

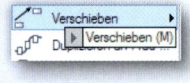

- Wählen Sie das Werkzeug „Verschieben" M und wählen Sie in der Methodenzeile die erste Methode „Duplikate verschieben". Für die Anzahl der Duplikate geben Sie „4" ein.

- Wählen Sie als Startpunkt den dritten Hilfspunkt und als Abstand den sechsten Punkt an. Bestätigen Sie mit „ ↵ ".

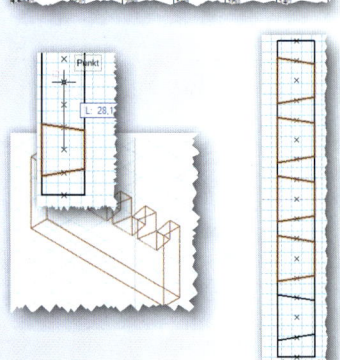

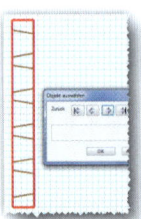

- Löschen Sie die Hilfspunkte, markieren Sie die gesamte Zeichnung und wählen Sie „3D-Modell" – „Schnittvolumen löschen". Achten Sie darauf, dass der große Querschnitt rot umrandet ist. Ist das nicht so, drücken Sie die Pfeiltasten.

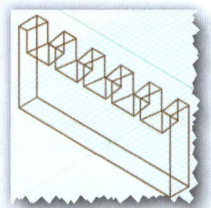

- Kontrollieren Sie das Ergebnis.

- Kehren Sie zur 2D-Ansicht zurück.

- Zeichnen Sie über den Brettquerschnitt ein Rechteck mit den Maßen 300 x 150 und ziehen Sie es zu einem Tiefenkörper in Materialstärke auf.

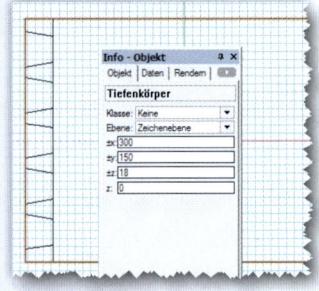

- Wechseln Sie in die Ansicht „Links" und schieben Sie das Brett mit „3D Ausrichten" – „Maximum" nach oben.

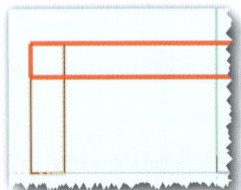

- Markieren Sie das Zinkenstück und kopieren Sie es in den Arbeitsspeicher.

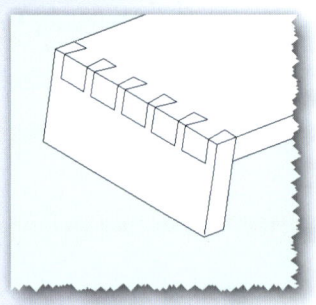

- Markieren Sie beide Teile und wählen Sie wieder „3D-Modell" – „Schnittvolumen löschen". Achten Sie darauf, dass das waagerechte Brett markiert ist.

- Fügen Sie das Zinkenteil aus dem Arbeitsspeicher mit „ STRG + ALT + V " (Einfügen am Ort) wieder ein.

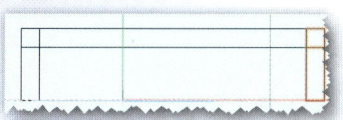

- Kontrollieren Sie durch Wahl einer anderen Ansicht.

- Kopieren Sie das Zinkenteil mit „ STRG + C " und fügen Sie es mit „ STRG + V " in die Zeichnung ein.

- Platzieren Sie das Zinkenteil in dem gegenüberliegenden Brettende.

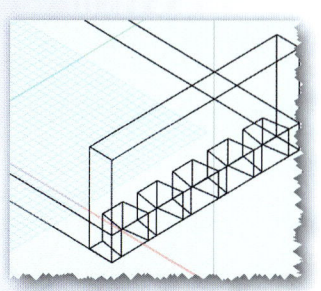

- Wechseln Sie in die Ansicht „Rechts vorne oben". Drücken Sie zweimal die Tasten „ STRG + L ", um das Brett zu drehen.

- Schieben Sie das Brett nach oben, kopieren Sie es in den Arbeitsspeicher, wählen Sie „Schnittvolumen löschen" und fügen Sie das Brett mit „ STRG + ALT + V " wieder ein.

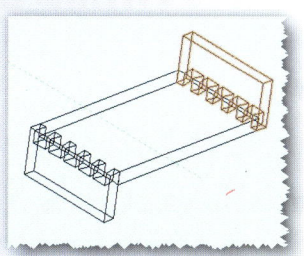

- Kontrollieren Sie das Ergebnis in verschiedenen Darstellungen.

- Wechseln Sie in die Ansicht „Vorne" und drehen Sie mit dem Werkzeug „Rotieren" das CD-Board in die Ebene.

- Wenn Sie jetzt noch eine „Platte" unter das CD-Board zeichnen, sieht es im Schrägbild nicht so aus, als würde es im Raum schweben.

4 Komplexe Werkstücke

In den folgenden Übungen werden Sie erst kleine und dann auch größere Werkstücke konstruieren, sie in den Ansichten darstellen und aus den Ansichten heraus Schnitte erstellen.

Für die 2D-Zeichnungen hatten Sie sich Vorgabedateien erstellt, in denen Sie bestimmte gleichbleibende Angaben wie z. B. Plangröße, Maßstab usw. festgelegt hatten.

Auch für das 3D-Zeichnen ist es hilfreich, einmal die immer wieder benötigten Einstellungen, Schraffuren, Symbole usw. in Vorgabedateien zu speichern. Dies ist erst ein bisschen Arbeit, lohnt sich aber auf jeden Fall, vor allem, wenn Sie das Programm auf einem eigenen Rechner installiert haben. Können Sie in Ihrer Schule keine Vorgabedateien speichern, speichern Sie die Datei als normale Vectorworks-Datei und speichern Sie sie nach dem Zeichnen unter einem anderen Namen.

4.1 Erstellen von Vorgabedateien für 3D-Zeichnungen

Binden Sie als Erstes die bereits erstellten Symbole in die Vorgabedatei ein.

Öffnen Sie Ihre Vorgabedatei und löschen Sie das Schriftfeld.

Öffnen Sie Ihre Symboldatei. Bisher haben Sie in dieser Datei nur das Band Form D und das Schriftfeld abgelegt. Wenn Sie in weiteren Zeichnungen Einzelteile zeichnen, die Sie auch in anderen Zeichnungen verwenden können, kopieren Sie diese regelmäßig in die Symboldatei.

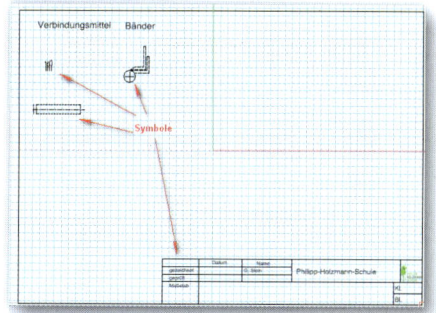

Kopieren Sie alle Symbole in den Arbeitsspeicher (STRG + C).

Schließen Sie die Symboldatei.

Fügen Sie die Symbole in die Vorgabedatei ein und löschen Sie diese sofort wieder.

Die Symbole stehen Ihnen jetzt in der Zubehörpalette zur Verfügung.

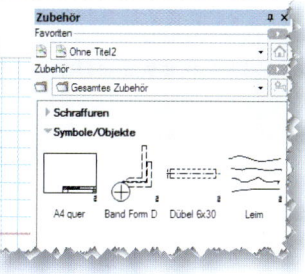

Speichern Sie die Datei als Vorgabedatei z. B. unter einem neuen Namen. Wenn Sie jetzt eine neue Datei von dieser Vorgabedatei öffnen, stehen Ihnen die Symbole wieder in der Zubehörpalette zur Verfügung.

Öffnen Sie Ihre eben angelegte Vorgabedatei und überprüfen Sie, ob Ihre Symbole angezeigt werden.

4.2 Anlegen von Schraffuren

Will man aus 3D-Zeichnungen Schnitte anfertigen, so müssen die einzelnen Bauteile sogenannten Klassen zugeordnet werden. In den Klassen (vgl. S. 51) wird u. a. festgelegt, wie das einzelne Bauteil im Schnitt schraffiert wird. Auch hier bietet Vectorworks Beispielschraffuren an, die aber für ordentliche Zeichnungen nicht ausreichen.

Legen Sie jetzt beispielhaft eine Klasse an:

Klicken Sie zweimal auf das Symbol neben „Keine". Es öffnet sich die Maske „Organisation".

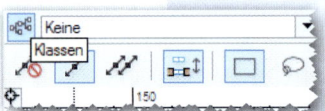

Klicken Sie auf „Neu", geben Sie einen Namen für die neue Klasse ein und bestätigen Sie mit „OK".

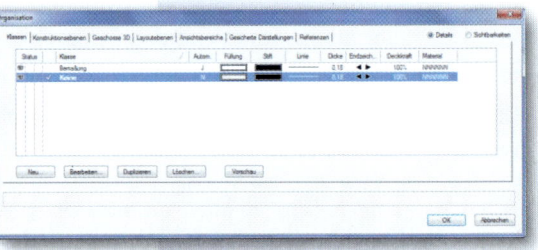

Setzten Sie ein Häkchen in das Feld „Automatisch zuweisen" und wählen Sie als Füllung „Schraffur".

Klicken Sie auf den kleinen Pfeil neben der Beispielschraffur. Die zur Verfügung stehenden Schraffuren werden angezeigt und können ausgewählt werden. Da wir hier keine verwendbare Schraffur finden, können Sie den Vorgang abbrechen.

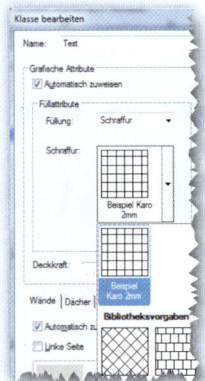

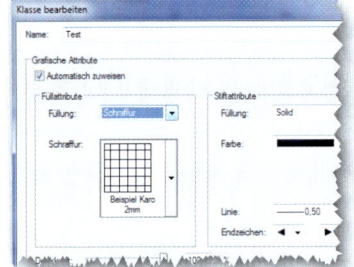

Möchten Sie Schraffuren aus den von Vectorworks mitgelieferten Bibliotheken oder eigene Schraffuren nutzen, müssen Sie diese in Ihre Vorgabedatei einbinden.

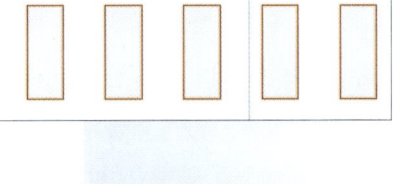

Nutzen von Schraffuren aus Bibliotheken

Zeichnen Sie mehrere Kästchen mit beliebiger Seitenlänge.

Wählen Sie unter „Zubehör" – „Bibliotheken" die „Vectorworks Bibliotheken" an.

Öffnen Sie das Verzeichnis „Schraffuren" und wählen Sie „Bautechnik SRF" aus.

Hier finden Sie etliche Schraffuren mit Schraffen, die Freihandlinien recht nahe kommen.

Ziehen Sie jetzt einfach eine passende Schraffur in eines Ihrer Rechtecke. Wollen Sie den Abstand der Schraffen oder den Winkel verändern, so können Sie dies mit dem Befehl „Füllung und Material bearbeiten" tun. Speichern Sie die Schraffur dann unter einem anderen Namen.

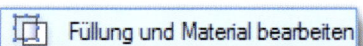

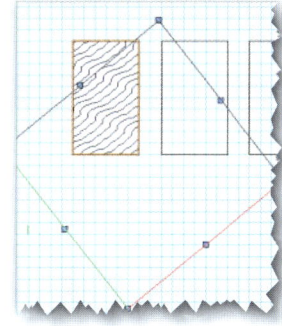

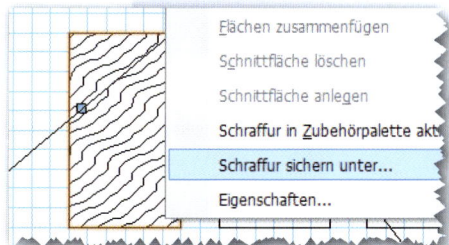

Gefallen Ihnen die von Vectorworks gelieferten Schraffuren nicht, können Sie auch eigene anlegen. Dies wird am Beispiel „Hirnholz" erklärt.

Eigene Schraffuren anlegen

In CAD-Zeichnungen kann man Schraffuren auch nach DIN ISO 128-50 schraffieren.

Auch hier brauchen Sie wieder mehrere Kästchen mit beliebiger Seitenlänge.

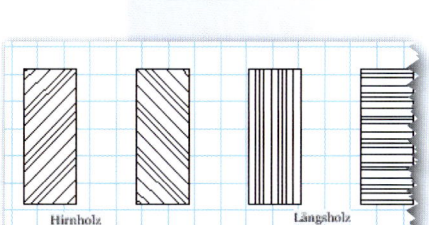

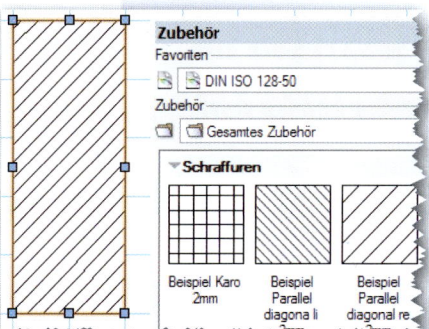

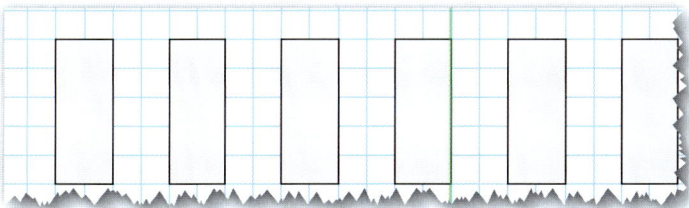

Wählen Sie das erste aus und weisen Sie ihm die Schraffur „Beispiel Parallel diagonal re 2 mm" zu.

In der Zubehörpalette wird die Schraffur jetzt angezeigt. Klicken Sie die Schraffur mit der rechten Maustaste an und wählen Sie „Bearbeiten".

Geben Sie als Schraffurname „Hirnholz rechts" ein.

Die Schraffur für Hirnholz besteht aus geraden Schraffen, die in unterschiedlichem Abstand zueinander angeordnet sind (vgl. Abb.).

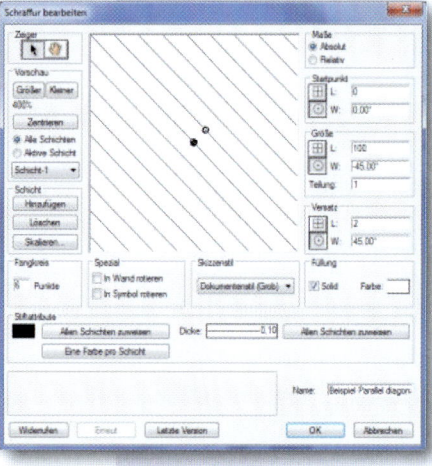

Wählen Sie für den kleinen Abstand 2 mm und für den großen 4 mm, so wiederholt sich die Schraffur alle 12 mm.

Um die gewünschte Schraffur zu erhalten, müssen Sie vier verschiedene Schichten übereinanderlegen.

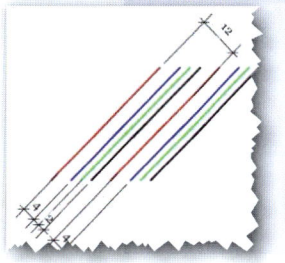

Für die erste Schicht wählen Sie unter „Versatz" den unteren Schalter (polare Eingabe) und geben für „L" 12 mm ein.

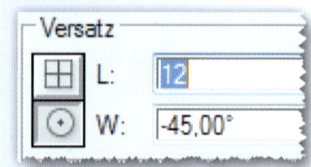

Fügen Sie über „Hinzufügen" eine zweite Schicht ein und geben Sie als Startpunkt „2" ein.

Für die dritte Schicht geben Sie als Startpunkt 4 und für die vierte 8 ein.

Weisen Sie allen Schichten eine Liniendicke von 0,25 mm zu und schließen Sie das Bearbeitungsfeld.

Aufgabe: Legen Sie für alle häufig vorkommenden Materialien Schraffuren an, entweder aus der Vectorworks-Bibliothek oder eigene.

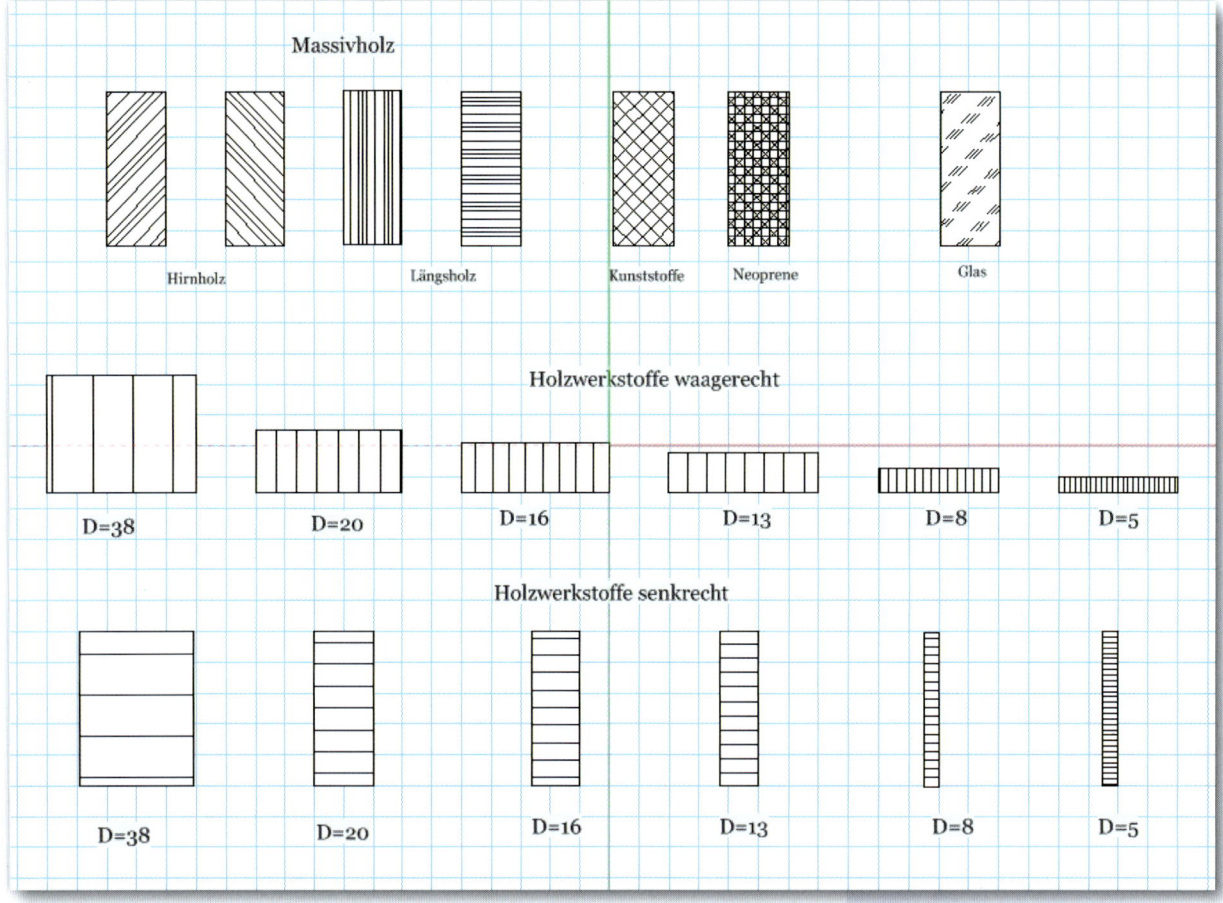

Speichern Sie die Datei z. B. unter dem Namen „Eigene Schraffuren".

Wählen Sie alle Elemente mit „ STRG + A " an und löschen Sie alles.

Speichern Sie die scheinbar leere Datei als Vorgabedatei, z. B. unter dem Namen „Vorgabe 3D".

Schließen Sie alle Dateien.

Öffnen Sie eine neue Datei mit Ihrer soeben erstellten Vorgabe.

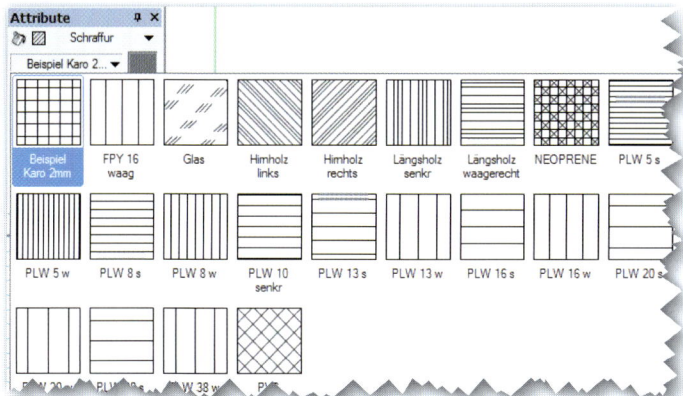

Ihre selbst angelegten Schraffuren stehen Ihnen hier zur Verfügung.

Vorgabedatei von Handwerk und Technik nutzen

Sie können sich die Mühe auch sparen und die Vorgabedatei „Vorgabe_HuT.vwx" mit Schraffuren von der Seite „www.handwerk-technik.de" unter dem Menüpunkt Service im Bereich Downloads herunterladen.

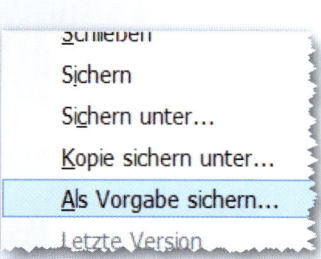

Speichern Sie die Datei auf Ihrem Rechner. Öffnen Sie sie in Vectorworks. Die Datei sieht leer aus, ist es aber nicht. Speichern Sie die Datei als Vorgabedatei. Die Schraffuren stehen Ihnen zur Verfügung.

Bei Bedarf können Sie diese Datei jetzt auch noch mit eigenen Schraffuren ergänzen. Öffnen Sie hierzu die Datei und gehen Sie so vor wie auf S. 67/68 beschrieben.

4.3 Kästchen mit Schiebedeckel

Als erste größere Aufgabe soll ein kleines Kästchen mit Schiebedeckel mit allen Ansichten und allen notwendigen Schnitten gezeichnet werden.

Die Seiten des Kästchens bestehen aus 12 mm dickem Massivholz, Boden und Deckel aus 4 mm dicker Furnierplatte. Der Boden wird stumpf unter die Seiten geschraubt. Der Deckel läuft in 5 mm tiefen Nuten, die 6 mm von oben in die Seiten eingefräst sind. Als Griff dient eine Leiste mit dem Querschnitt 6 x 6 mm, die auf den Deckel geleimt ist. Die Seiten sind mit von außen durchgebohrten 6-mm-Dübeln verbunden.

Alle fehlenden Angaben sind fachlich richtig selbst zu ergänzen.

Aufgabe: Zeichnen Sie als Freihandskizze und anschließend als CAD-Zeichnung das Kästchen in den Ansichten sowie den Horizontal-, Vertikal- und Frontalschnitt. Die Schnitte können selbstverständlich als Teilschnitte ausgeführt werden.

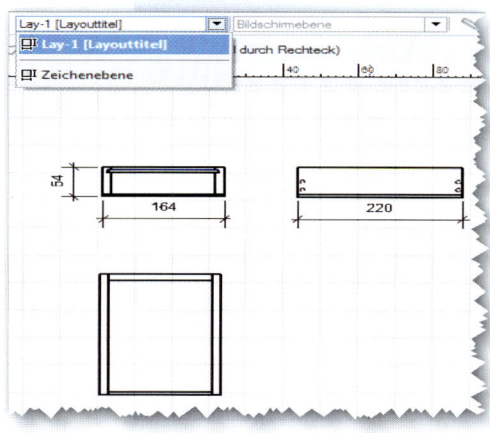

Einrichten von Klassen

Öffnen Sie eine neue Datei von Ihrer Vorgabe und legen Sie folgende
Klassen an: (Anlegen von Klassen siehe S. 51 und 64).

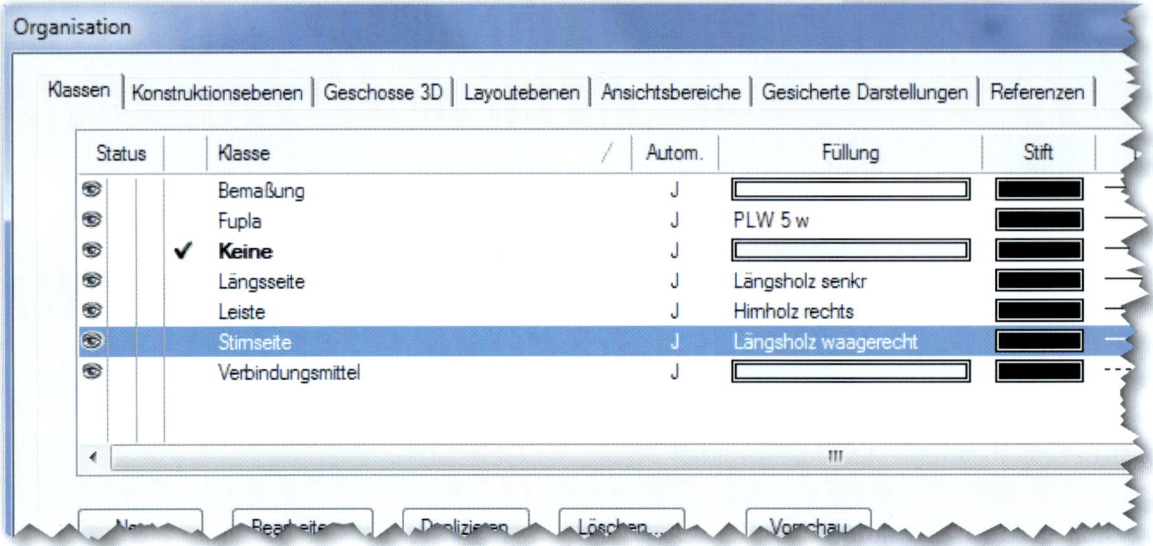

An Fangmodi sollte „An Raster ausrichten" und „An Objekt
ausrichten" aktiv sein.

Die Info-, Zubehör- und die Attributpalette bitte öffnen.

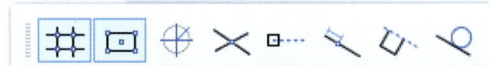

Vorschlag für das Zeichnen

Diesem Vorschlag können Sie folgen, Sie können aber auch
versuchen, das Kästchen alleine zu konstruieren.

Ziehen Sie ein Rechteck mit den Maßen 164 x 220 für den
Boden auf und erstellen Sie einen Tiefenkörper von 4 mm
Stärke.

Wechseln Sie in die Ansicht „Links vorne oben". Wenn Sie
mit dem Cursor auf die Fläche gehen, leuchtet diese blau
auf.

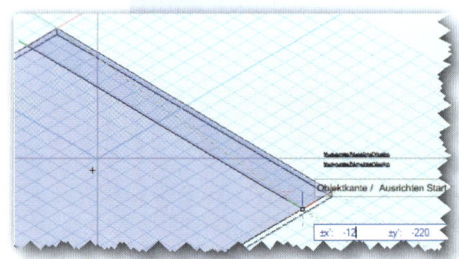

Wählen Sie die hintere Ecke an und ziehen Sie ein Rechteck
bis zur vorderen Kante auf. Für die Breite geben Sie über den
Tabulator „-12" ein und bestätigen mit der linken Maustaste.

Bewegen Sie die Maus auf die soeben gezeichnete Fläche,
die Fläche leuchtet rot auf, drücken Sie die linke Maustaste
und ziehen Sie mit gedrückter Maustaste die Fläche nach
oben. Geben Sie für den Abstand „50" ein.

Die Nut in der Seitenwand konstruieren Sie auf die gleiche
Weise.

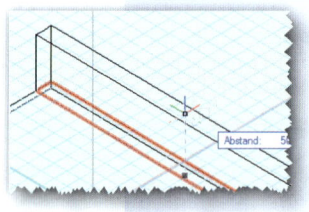

Ziehen Sie in der oberen linken Ecke des Hirnholzquer-
schnitts ein Quadrat mit den Maßen 4/-4 auf und ziehen Sie
das Quadrat zum Tiefenkörper auf.

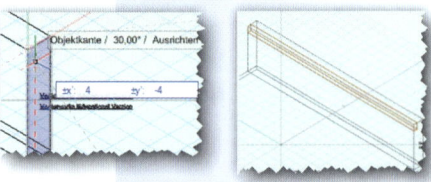

Verschieben Sie den Körper mit „ STRG + ALT + M " um 6 mm nach unten.

Wählen Sie beide Tiefenkörper an und schneiden Sie mit „3D Modell" – „Vollkörper anlegen" – „Schnittvolumen löschen" die Nut in die Seitenwand (STRG + ALT + ,).

Wenn Sie den beiden Körpern noch keine Klasse zugeordnet haben, sollten Sie das jetzt tun. Aktivieren Sie einfach den Körper in der Infopalette und wählen Sie die Klasse aus.

Wechseln Sie in die Ansicht „Vorne" und spiegeln Sie die Seite nach links. Wechseln Sie wieder in die Ansicht „Links vorne oben".

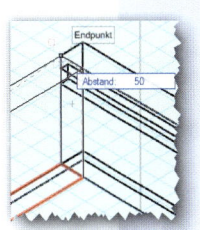

Konstruieren Sie das **Vorder- und das Hinterstück** auf die gleiche Art wie die Seiten. Sie brauchen beim Aufziehen keinen Wert für den Abstand anzugeben, Sie können den Eckpunkt fangen. Beachten Sie, dass das Vorderstück nur bis zur Unterkante der Nut gehen darf.

Weisen Sie dem Vorder- und dem Hinterstück Klassen zu.

Die Nut im Hinterstück konstruieren Sie ähnlich wie die Nuten in den Seiten, nur diesmal von oben, weil die Stirnseite verdeckt ist.

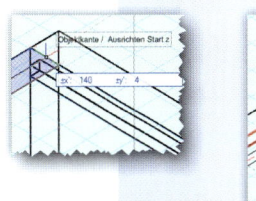 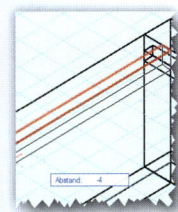

Zeichnen Sie ein 4 mm breites Rechteck auf das Hinterstück. Achten Sie darauf, dass die Fläche blau aufleuchtet. Ziehen Sie das Rechteck nach unten zu einem 4 mm dicken Tiefenkörper auf und verschieben Sie ihn mit „ STRG + ALT + M " 6 mm nach unten. Löschen Sie wieder das Schnittvolumen (STRG + ALT + ,).

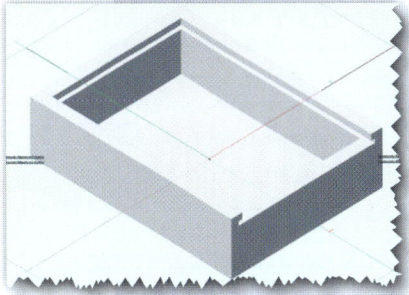

Kontrollieren Sie mithilfe unterschiedlicher Ansichten und Darstellungsweisen das Ergebnis.

Um den **Deckel** einzeichnen zu können, wechseln Sie wieder in die Darstellung „Drahtmodell" und in die Ansicht „Links vorne oben".

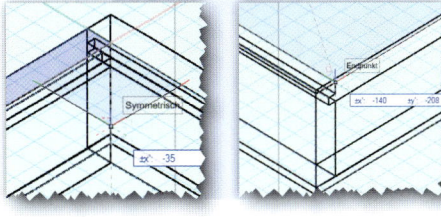

Ziehen Sie ein Rechteck vom oberen hinteren Eckpunkt zur Vorderkante. Achten Sie dabei darauf, dass die Hinterkante blau aufleuchtet.

Setzen Sie in der Infopalette den „Anfasspunkt" in die Mitte und vergrößern Sie das Rechteck in x-Richtung um 7 mm.

Setzen Sie den Anfasspunkt nach vorne und vergrößern Sie in y-Richtung um 4 mm.

Ziehen Sie das Rechteck auf -4 mm auf und verschieben Sie den Tiefenkörper mit „⌃STRG⌄ + ⌃ALT⌄ + ⌃M⌄" 6 mm nach unten, sodass er in der Nut sitzt. Weisen Sie ihm eine Klasse zu.

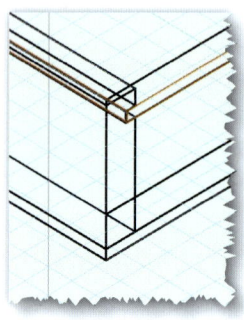

Auch die **Griffleiste** konstruieren Sie über ein Rechteck, dass Sie dann zu einem Tiefenkörper aufziehen. Kontrollieren Sie das Ergebnis regelmäßig durch einen Wechsel der Ansicht. Weisen Sie auch der Griffleiste eine Klasse zu.

Bis auf die **Dübel** ist das Kästchen nun fertig gezeichnet.

Wechseln Sie in die Ansicht „Links vorne oben" und in die Darstellungsart „Drahtmodell".

Es reicht, einen Dübel zu zeichnen und diesen dann zu kopieren.

Aktivieren Sie die Klasse „Verbindungsmittel". Alle Objekte, die jetzt gezeichnet werden, werden automatisch dieser Klasse zugewiesen.

Zeichnen Sie einen Kreis mit 6 mm Durchmesser auf die Ecke der Seite.

Ziehen Sie den Kreis zu einem 30 mm langen Zylinder auf.

Verschieben Sie den Dübel mit „⌃STRG⌄ + ⌃ALT⌄ + ⌃M⌄" in y-Richtung um 6 und in z-Richtung um 10 mm.

Kopieren Sie den Dübel mit „⌃STRG⌄ + ⌃C⌄" in den Arbeitsspeicher und fügen Sie die Kopie mit „⌃STRG⌄ + ⌃ALT⌄ + ⌃V⌄" (Einfügen am Ort) wieder ein.

Verschieben Sie den zweiten Dübel 15 mm nach oben.

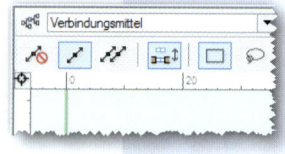

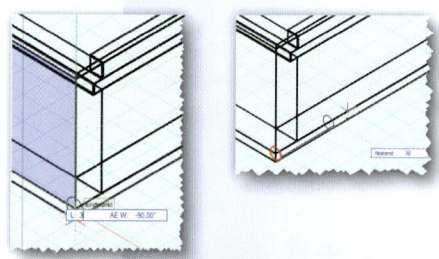

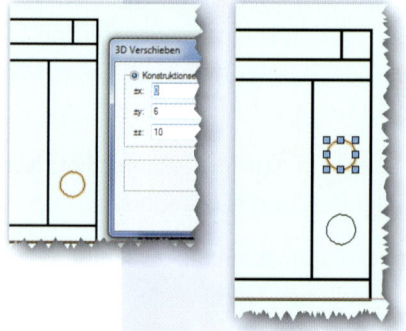

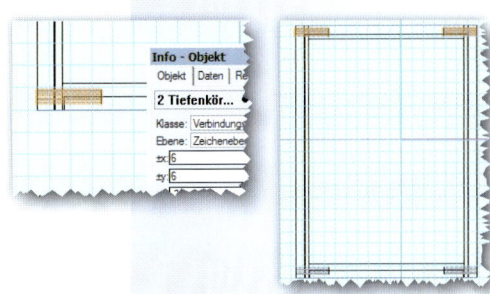

Wählen Sie beide Dübel und die Seitenwand an, kopieren Sie die Dübel wieder in den Arbeitsspeicher, aktivieren Sie zusätzlich zu den Dübeln noch die Seitenwand und wählen Sie „Schnittvolumen löschen" ([STRG] + [ALT] + [.]), sodass die „Bohrungen" entstehen. Achten Sie darauf, dass die Seite rot aufleuchtet, und bestätigen Sie mit „OK". Fügen Sie die Dübel mit „[STRG] + [ALT] + [V]" wieder ein.

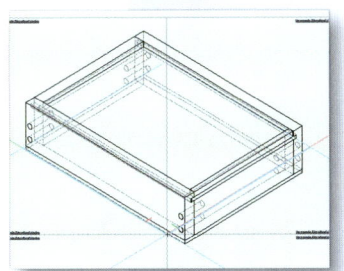

Wechseln Sie in die Ansicht „Oben". Aktivieren Sie beide Dübel, indem Sie mit der Maus ein Rechteck über die Dübel ziehen. In der Infopalette steht jetzt „2 Tiefenkörper". Spiegeln Sie die zwei Dübel nach links, aktivieren Sie alle vier Dübel und spiegeln Sie sie nach hinten.

Das Kästchen ist jetzt fertig gezeichnet.

Visualisierung

Eine technische Zeichnung für das Tischlerhandwerk besteht normalerweise aus der Hauptzeichnung, diese enthält die zum Verständnis der Planung notwendigen Ansichten des Werkstücks, und den erforderlichen Schnittzeichnungen bzw. Teilschnittzeichnungen. Auch kann eine technische Zeichnung Details und perspektivische Darstellungen enthalten. Außerdem gehört ein Schriftfeld dazu, dem weitere Informationen zu dem Werkstück wie z. B. ausführende Firma, Kunde, Auftragsnummer, Datum, Zeichner/-in usw. zu entnehmen sind.

Ohne eine technische Zeichnung ist eine ordentliche Planung und anschließende Fertigung undenkbar. Will man jedoch z. B. im Kundengespräch die Planung präsentieren, ist der Laie in der Regel mit technischen Zeichnungen überfordert. Hier hilft eine Darstellung, die der späteren Realität möglichst nahe kommt. Wir wollen uns auch damit ein ganz klein wenig beschäftigen. So kann das gezeichnete Gesellenstück gleich noch bei der geforderten Präsentation in der Gesellenprüfung dienen. Vielleicht bewahrt Sie eine Visualisierung aber auch vor dem einen oder anderen Gestaltungsfehler beim Entwerfen Ihres Gesellenstücks. Von einer sogenannten fotorealistischen Darstellung bleiben wir noch ein gutes Stück weit entfernt, fühlen Sie sich aber aufgefordert, einfach ein wenig auszuprobieren.

Möchten Sie, dass Ihre Zeichnung dem späteren Aussehen des fertigen Werkstücks zumindest ähnelt, müssen Sie es mit einer **Textur** versehen. Wir probieren an dem Kästchen beispielhaft ein paar Möglichkeiten aus.

Am einfachsten geht es, das Kästchen **farbig** „anzumalen".

Wechseln Sie in die Darstellungsart „OpenGL".

Aktivieren Sie mit „[STRG] + [A]" die ganze Zeichnung.

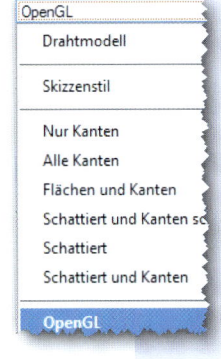

Wählen Sie in der Attributpalette „Solid" an und klicken Sie auf das Feld unter „Solid". Es öffnet sich eine Farbpalette. Klicken Sie auf eine Farbe.

Möchten Sie die Einzelteile in unterschiedlichen Farben anlegen, aktivieren Sie die Einzelteile und wählen Sie die Farben aus.

Ebenso einfach können Sie Ihr Werkstück in **Holzoptik** darstellen. Vectorworks stellt hierfür in den Bibliotheken unterschiedliche Holzarten zur Verfügung.

Wählen Sie wieder das ganze Kästchen an.

Klicken Sie in der Zubehörpalette auf „Favoriten" und dann auf „Vectorworks Bibliotheken".

Öffnen Sie den Ordner „3D-Materialien" und wählen Sie die Datei „HolzMAT".

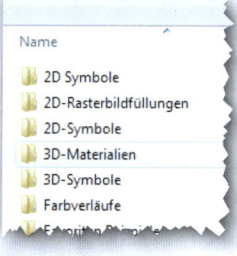

Die zur Verfügung stehenden Holztexturen werden entweder als Liste oder als Abbildungen angezeigt. Sie können die Darstellungsart wählen, indem Sie auf den kleinen Pfeil neben „Zubehör" klicken.

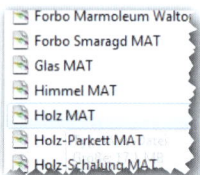 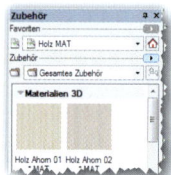

Wählen Sie mit einem Doppelklick eine Textur aus.

Das Kästchen sieht jetzt schon ein bisschen „hölzern" aus, aber so richtig überzeugend ist das Ergebnis noch nicht. Drücken Sie „STRG + Z", um zu der vorherigen Darstellung zurückzukehren.

Wählen Sie jetzt nur die beiden Seitenwände an. Klicken Sie eine Holztextur an, am besten eine mit kräftiger Maserung wie z. B. „Holz Eiche S02 MAT".

Auch dieses Bild ist noch nicht befriedigend, die Maserung sieht noch sehr unrealistisch aus.

Wählen Sie in der Infopalette den Reiter „Rendern" und stellen Sie die „Projektion" auf „Fläche". Verstellen Sie den Winkel auf 110°. Die Darstellung sieht jetzt schon recht ordentlich aus. Ist sie noch zu unscharf, verschieben Sie den Regler „Skalieren".

Probieren Sie ein bisschen aus und weisen Sie auch den anderen Teilen Texturen zu.

Ansichten

Für das Anlegen der Hauptzeichnung sollten die Info- und die Attribut-palette geöffnet sein.

Wechseln Sie in die 2D-Ansicht (STRG + 5).

Wählen Sie im Menü „Ansicht" „Ansichtsbereich anlegen" und geben Sie den Maßstab „1:5" und die Darstellungsart „Nur Kanten" ein. Unter „Ebene" wählen Sie „Neue Layoutebene". (Unter Ebenen können Sie sich Folien vorstellen, die man ein- oder ausblenden, aber z. B. auch übereinanderlegen kann.)

Bestätigen Sie das Fenster „Neue Layoutebene" mit „OK". Es öffnet sich ein weiteres Fenster.

Legen Sie Wert auf hohe Druckqualität, ändern Sie hier den dpi-Wert.

Hier klicken Sie bitte „Plangröße" an.

Unter „Seite einrichten" können Sie nun ein Papierformat auswählen. Erkundigen Sie sich, welches Papierformat der vorhandene Drucker bedrucken kann. Ich gehe hier von DIN A4 aus.

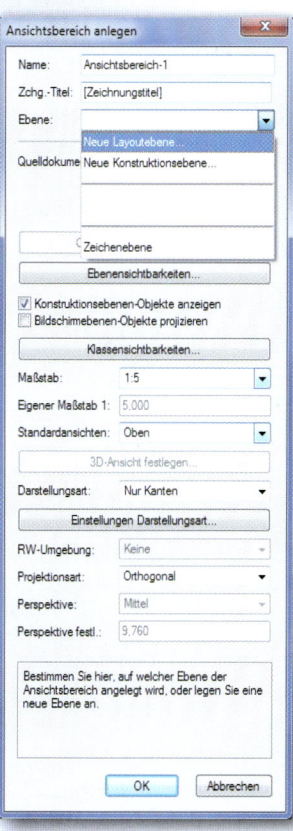

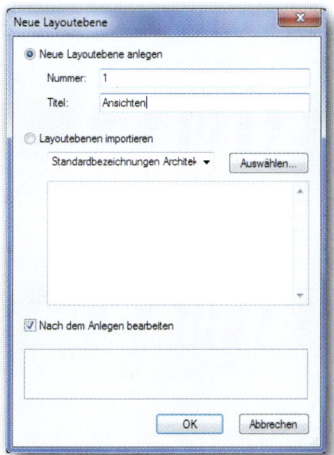

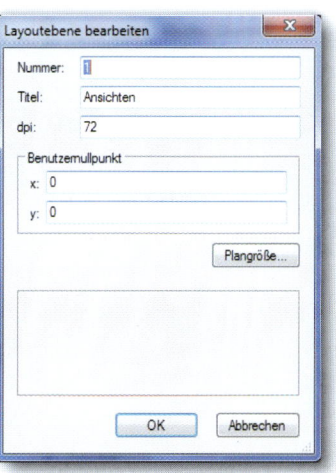

Durch die Eingabe „1" bei „Seiten", „Horizontal" und „Vertikal", errei-chen Sie, dass gleich der nicht bedruckbare Rand von der Papiergröße abgezogen wird.

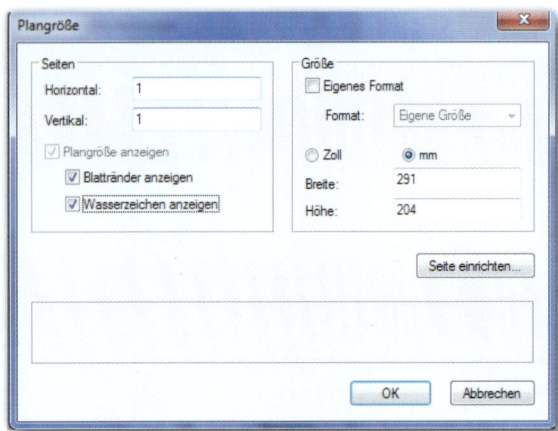

Auf Ihrem Bildschirm erscheint jetzt ein Rechteck, das mit rotweißen Linien umrandet ist. Diese Linien bedeuten **immer**, dass die Zeichnung aktualisiert werden muss. Wählen Sie „Aktualisieren" in der Infopalette.

Die Draufsicht für unsere Ansichtszeichnung ist schon fertig.

Jetzt fehlen noch die Vorderansicht und die Seitenansicht von links und, wenn Sie wollen, ein Schrägbild.

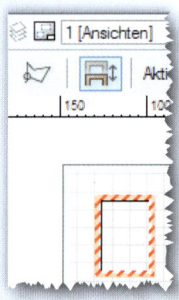

Markieren Sie die Zeichnung, kopieren Sie sie mit „⌃STRG + ⌃C" in den Zwischenspeicher und fügen Sie sie mit „⌃STRG + ⌃V" dreimal wieder ein.

Markieren Sie zur Kontrolle die gesamte Zeichnung (⌃STRG + ⌃A). In der Infopalette steht jetzt „4 Ansichtsbereiche" (Sie sehen nur drei, weil die zweite, dritte und vierte übereinanderliegen).

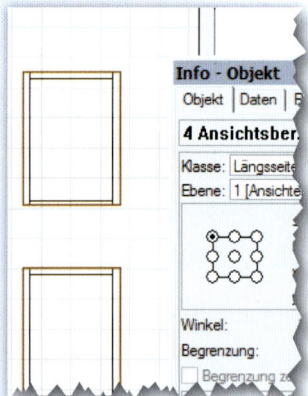

Klicken Sie auf eine freie Stelle und anschließend auf die kopierte An-sicht. Wählen Sie eine Ansicht aus und schieben Sie sie an eine freie Stelle.

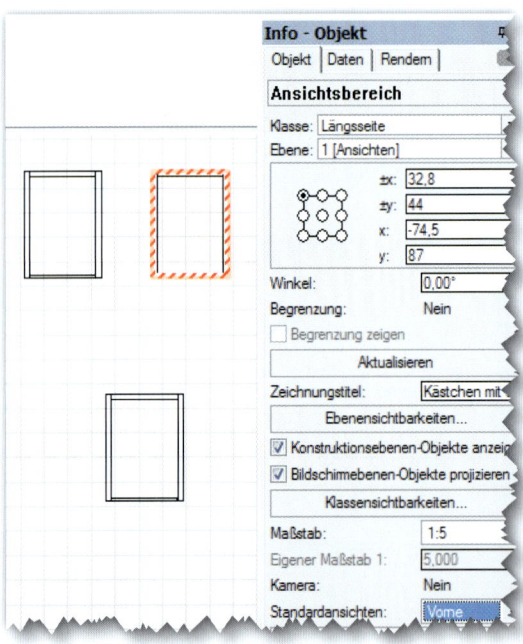

Wählen Sie in der Infopalette unter „Ansichtsbereich" „Vorne" und aktualisieren Sie anschließend wieder.

Wählen Sie für die dritte Ansicht die Darstellung „Links" und aktualisieren Sie.

Für das Schrägbild wählen Sie z. B. OpenGL und z. B. „Rechts vorne oben".

Positionieren Sie die Ansichten normgerecht.

Die Hauptzeichnung ist bis auf die Bemaßung fertig.

Vergrößern Sie die Ansicht und wählen Sie die Werkzeuggruppe „Bemaßung/Beschriftung" und hier „Bemaßung, hor. und vert.".

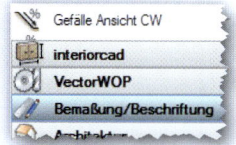

In der oberen Menüleiste können Sie die Art der Bemaßung einstellen.

Wählen Sie hier das erste Symbol für Einzelmaß aus.

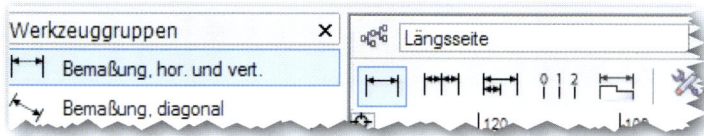

Achten Sie darauf, dass die Fangfunktion „Am Objekt ausrichten" aktiv ist. Klicken Sie erst die untere linke Ecke und dann die rechte Ecke einer Ansicht an, ziehen Sie den Cursor nach unten und klicken Sie erneut.

Sie sehen, Vectorworks hat die Maßzahl von alleine gesetzt. Allerdings im von uns eingestellten Maßstab 1:5. Das können wir so nicht gebrauchen. Entfernen Sie die Bemaßung mit „STRG + Z".

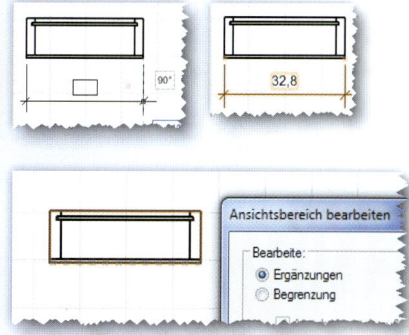

Mit einem Doppelklick auf eine Ansicht gelangen Sie in einen Ansichtsbereich, das heißt, alle anderen Objekte werden ausgeblendet. Wenn Sie die Bemaßung hier so wie oben beschrieben durchführen, erhalten Sie die 1:1-Maße.

Wählen Sie wieder die Ecken der Ansicht an und ziehen Sie die Maßlinie nach unten. Der Mauscursor sollte dabei direkt über einer Ecke sein, in der Anzeige steht 90°. Drücken Sie jetzt die Tabulatortaste und geben Sie einen Wert für den Abstand Körperkante – Maßlinie ein.

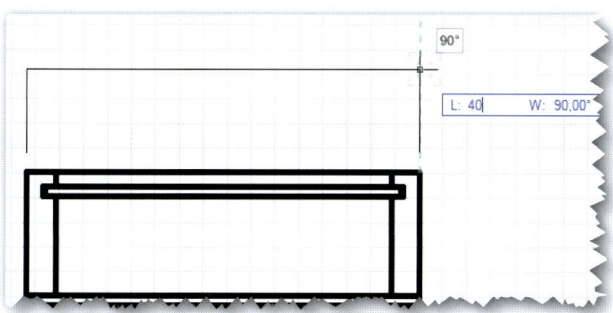

Bestätigen Sie mit einem Doppelklick. Geben Sie auf die gleiche Weise noch das Maß für die Höhe des Kästchens ein und verlassen Sie den Ansichtsbereich über den Schalter „Ansichtsbereich Ergänzungen verlassen".

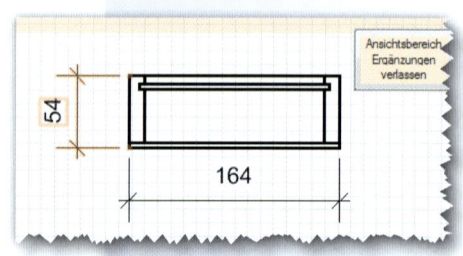

Bemaßen Sie auch die anderen Ansichten.

Vergessen Sie nicht, Ihre Zeichnung zu speichern.

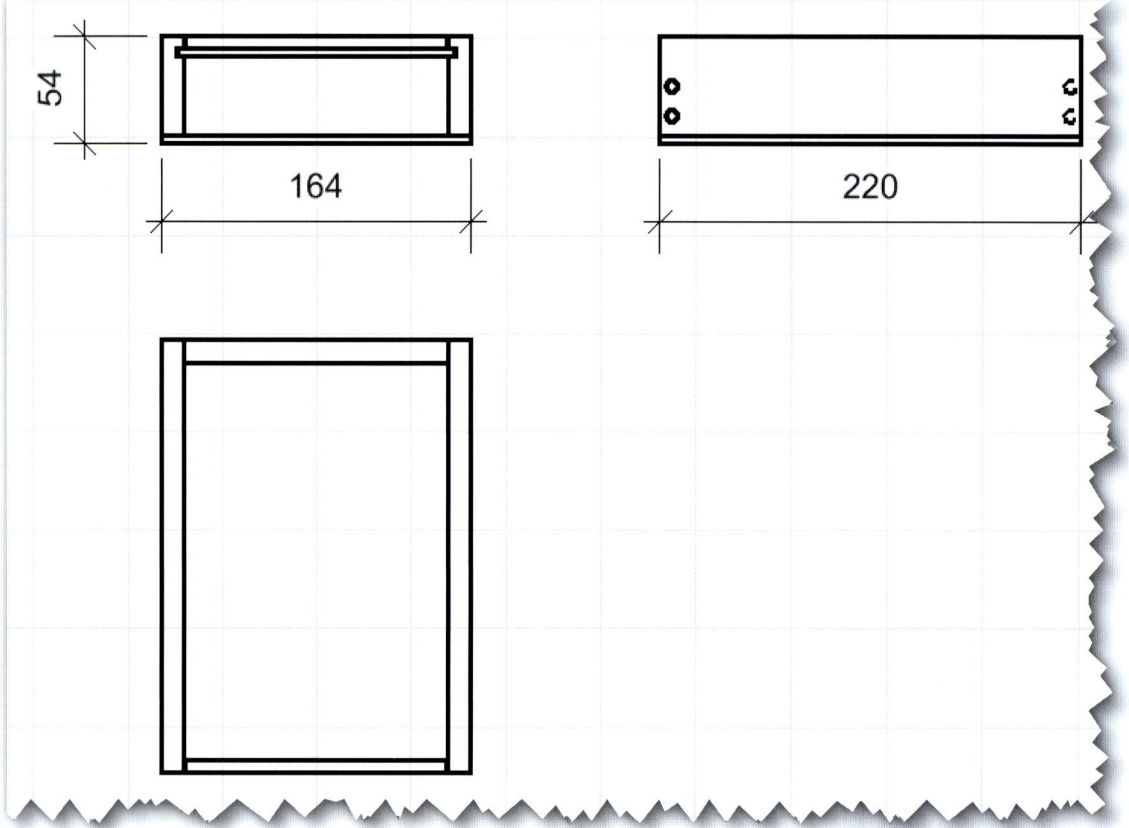

Schnitte

In dieser Übung werden Sie alle notwendigen Schnitte konstruieren.

Vectorworks bietet hier die Möglichkeit, sogenannte dynamische Schnitte anzulegen. Diese Schnitte werden auf der Ansichtsebene (oder einer weiteren neuen Ebene) angelegt und sind mit der Konstruktion auf der Konstruktionsebene verbunden. Das heißt, wenn die Konstruktion verändert wird, ändert sich auch der Schnitt. Sie sollten das unbedingt, nachdem Sie Ihre Schnitte gezeichnet haben, einmal ausprobieren.

Horizontalschnitt

Öffnen Sie die Zeichnung des Kästchens. Wechseln Sie gegebenenfalls auf die Layoutebene.

Die Info- und die Attributpalette sollten geöffnet sein. Die Ansichten sind jetzt mit einer rotweißen Linie umrandet, sie müssen also aktualisiert werden. Drücken Sie die rechte Maustaste und wählen Sie „Alle Ansichtsbereiche aktualisieren".

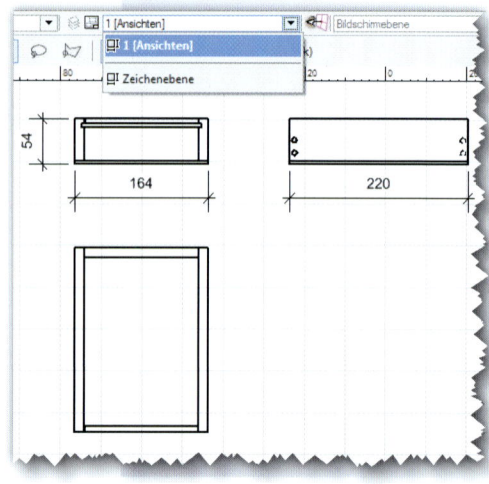

Markieren Sie die Vorderansicht und wählen Sie „Ansicht" – „Schnitt anlegen".

Ziehen Sie mit dem Mauscursor eine Linie in das Kästchen. Diese Linie gibt die Schnittebene an. Da das Kästchen symmetrisch ist, brauchen Sie nur einen Teilschnitt zu zeichnen. Der schwarze Pfeil gibt die Blickrichtung an. Mit dem Mauscursor können Sie sie verändern. Wenn der schwarze Pfeil nach unten weist, klicken Sie zweimal mit der linken Maustaste.

Wählen Sie als Maßstab „1:1" und die Darstellungsart „Nur Kanten".

Unter „Einstellungen Schnitt" übernehmen Sie bitte die dargestellten Einstellungen.

Unter dem Reiter „Attribute" stellen Sie „Schnittflächen einzeln anzeigen" ein. Setzen Sie bei „Originalattribute der Objekte verwenden" ein Häkchen.

Vectorworks fügt den ganzen Schnitt nun in die Ansichtszeichnung ein.

(Sollten im Schnitt keine Schraffuren dargestellt werden, so wechseln Sie bitte in die Konstruktionsebene, wählen Sie nacheinander die Seiten an und verändern Sie die Einstellungen in der Attributpalette von „Solid" auf „Klassenstil".)

Alle vier Ecken des Kästchens sind gleich, daher brauchen Sie nicht den Voll-, sondern lediglich einen Teilschnitt.

Achten Sie darauf, dass der Schnitt noch aktiv ist, und drücken Sie die rechte Maustaste. Wählen Sie nun **„Begrenzung bearbeiten"**.

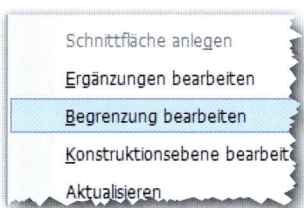

Vectorworks öffnet jetzt ein Fenster, in dem nur der Schnitt sichtbar ist.

Wählen Sie in der Palette „Konstruktion" das Symbol „Rechteck" aus und ziehen Sie ein Rechteck über die untere Ecke des Schnittes.

Wenn Sie die Stiftattribute von „Solid" auf „Keiner" stellen, ist die Umrandung in der Zeichnung nicht sichtbar. (Dies kann man nach persönlichem Geschmack machen.)

Kehren Sie über „Ansichtsbereich Begrenzung verlassen" zur Gesamtzeichnung zurück.

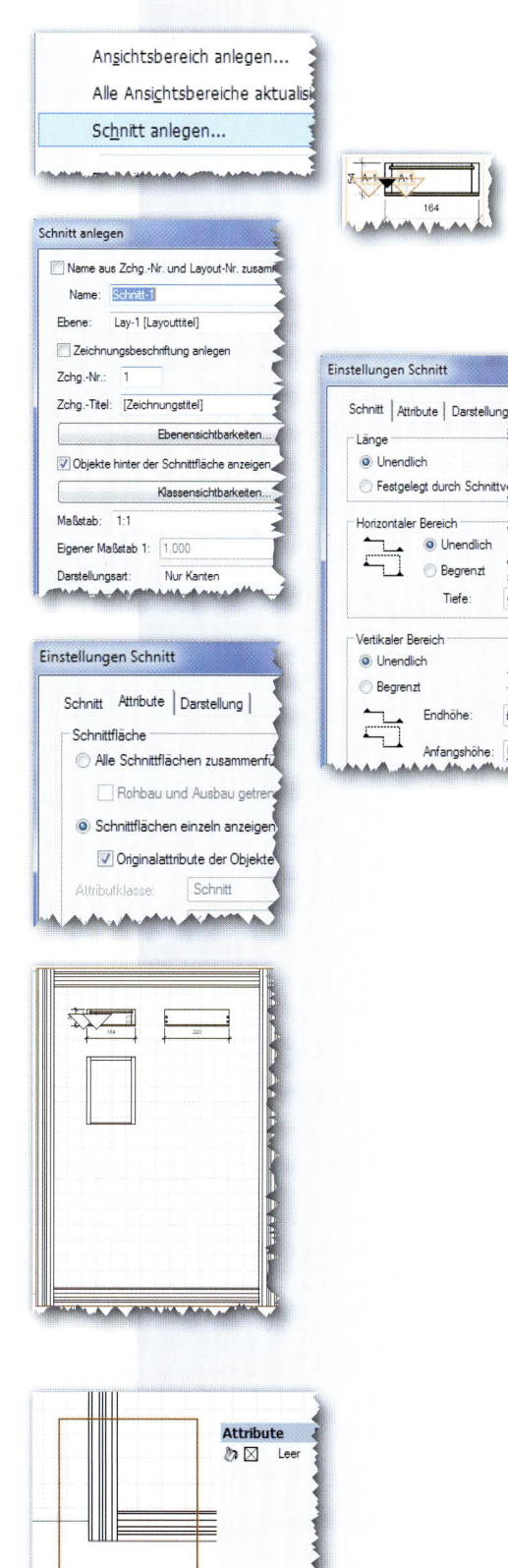

Wenn der Ausschnitt außerhalb Ihrer Zeichenfläche liegt, schieben Sie ihn an einen freien Platz. Die genaue Anordnung der Schnitte und Ansichten nehmen Sie später vor.

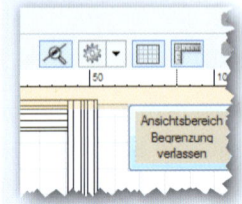

Frontal- und Vertikalschnitt

Zeichnen Sie in der gleichen Weise den Frontalschnitt. Achten Sie darauf, dass Sie die gleichen Einstellungen vornehmen wie beim ersten Schnitt.

Wenn Sie alles eingestellt haben, sollte Ihr Schnitt jetzt so wie in der Abbildung unten aussehen.

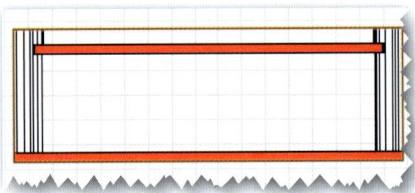

Die roten Flächen von Boden und Deckel müssen Sie natürlich noch ändern, und auch die Schraffur der Seiten läuft in die falsche Richtung.

Wenn Sie jetzt einfach in Ihrer Konstruktion den Platten eine andere Klasse zuweisen, ist die Schraffur in diesem Schnitt zwar richtig, aber in Ihrem ersten dann falsch, weil Vectorworks sie hier natürlich auch ändert. Die Schnitte sind schließlich dynamisch (vgl. S. 76)!

Ändern der Schraffurart in einem Schnitt

Wählen Sie in der Infopalette „Klassensichtbarkeiten…".

Wählen Sie die Klasse an, die Sie verändern wollen, und gehen Sie auf „Bearbeiten".

Wählen Sie die gewünschte Klasse aus und bestätigen Sie mit „OK".

Die Farbe in der Schnittdarstellung von Deckel und Boden entfernen Sie wieder, indem Sie auf der Konstruktionsebene die Attribute für Deckel und Boden auf „Klassenstil" stellen.

Wie beim ersten Schnitt reicht uns zur Darstellung der Konstruktion eine Seite. Begrenzen Sie den Schnitt.

Jetzt fehlt nur noch der Vertikalschnitt, den Sie sicher ohne Anleitung erstellen können.

Die Schnitte sehen jetzt schon ganz gut aus, allerdings fehlt noch die Beschriftung. Auch die Verbindungsmittel müssen dargestellt werden. Die Pfeile für die Blickrichtung des Schnittes in den Ansichten sind noch viel zu groß.

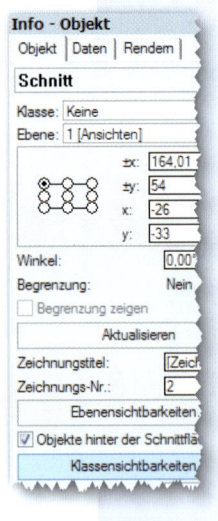

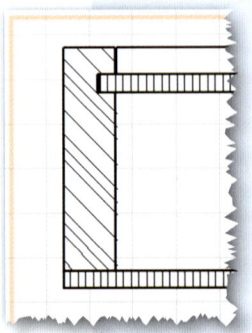

Ergänzungen

Am einfachsten ist es, die Verbindungsmittel und die Beschriftung über „Ergänzungen" einzuzeichnen. Nach einem Doppelklick auf einen Schnitt können Sie das Fenster „Ergänzungen" öffnen und die Verbindungsmittel normgerecht mit Beschriftung eintragen.

Einfügen von Beschriftungen

Auch die Plattenbezeichnungen und die Maße für die Hirnholzquerschnitte fügen Sie am besten als Ergänzung ein.

Mit „ STRG + C " und „ STRG + V " lässt sich der Text kopieren und einfügen. Für die vertikale Beschriftung können Sie in der Infopalette den Winkel auf 90° stellen.

Wenn Sie alle Schnitte fertiggestellt haben, positionieren Sie Schnitte und Ansichten auf Ihrem Zeichenblatt.

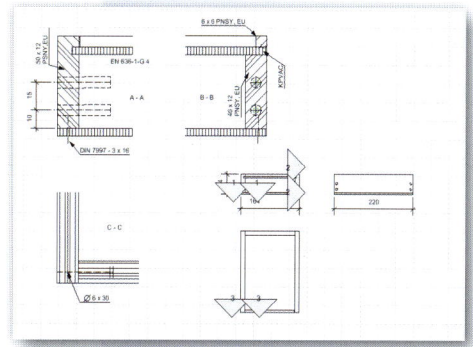

Verändern der Schnittmarken

Als Nächstes verändern Sie noch die Schnittmarken.

Markieren Sie eine Ansicht mit einem Doppelklick. Sie kommen wieder in den „Ansichtsbereich", „Ergänzungen".

Wählen Sie eine Schnittmarke mit einem Mausklick an. In der Infopalette wählen Sie "Schnittmarken ersetzen".

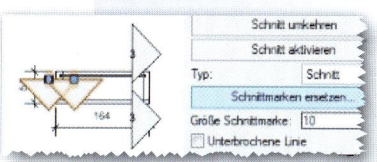

Gehen Sie auf den Auswahlpfeil und wählen Sie „Schnitt ISO 01".

Setzen Sie bei „Unterbrochene Linie" ein Häkchen und stellen Sie in der Attributpalette die Linienart auf „Strichpunkt-Linie" (Dash Style-6). Entfernen Sie in der Infopalette noch das Häkchen „Beschriftung automatisch" und ersetzen Sie die Eintragung in „Zeichnungs-Nr." durch einen Buchstaben.

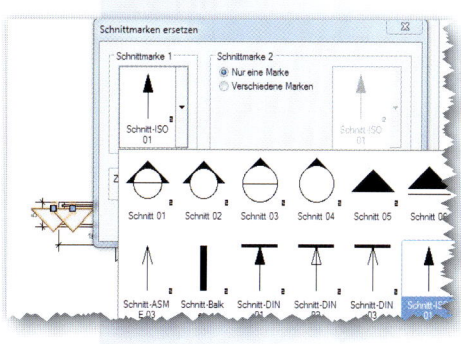

Damit die Pfeile schwarz ausgefüllt sind, setzen Sie die Attribute auf „Solid", „Schwarz".

Vergrößern Sie den Bereich um die Schnittmarken. Sie sehen im rechten Buchstaben ein und im linken Buchstaben zwei kleine blaue Quadrate. Fassen Sie im linken das obere mit dem Mauscursor und verschieben Sie die Buchstaben an eine passende Stelle.

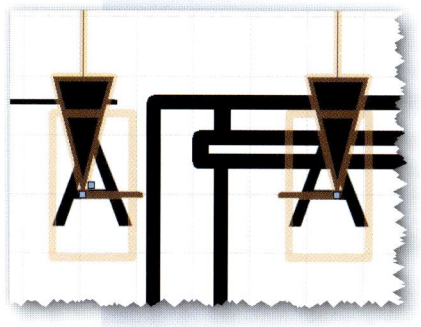

Verändern Sie die übrigen Schnittmarken in der gleichen Weise.

Jetzt fehlt nur noch das Schriftfeld und dann ist die Zeichnung fertig.

Schriftfeld

Zu einer professionellen Zeichnung gehört immer auch ein Schriftfeld mit Angaben zur Zeichnung, zu Auftrag, Zeichner/-in und ausführender Firma. Für das Erstellen bzw. Einfügen eines Schriftfelds gibt es mehrere Möglichkeiten.

Erste Möglichkeit

Sie können natürlich weiterhin das Schriftfeld aus Ihrer Symboldatei verwenden.

Vectorworks bietet jedoch noch andere Möglichkeiten für das Einfügen von Schriftfeldern an.

Zweite Möglichkeit

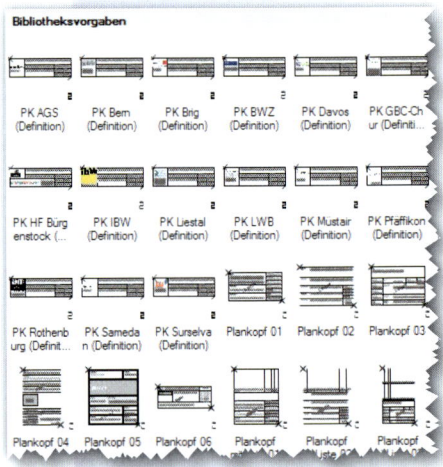

Wählen Sie in der Palette „Werkzeuggruppen", „Bemaßung/Beschriftung", den Befehl „Plankopf".

Am Mauscursor hängt jetzt ein fertiges Schriftfeld. Fügen Sie es in Ihre Zeichnung ein.

Öffnen Sie das Menü „Eigenschaften" und dann „Ersetzen".

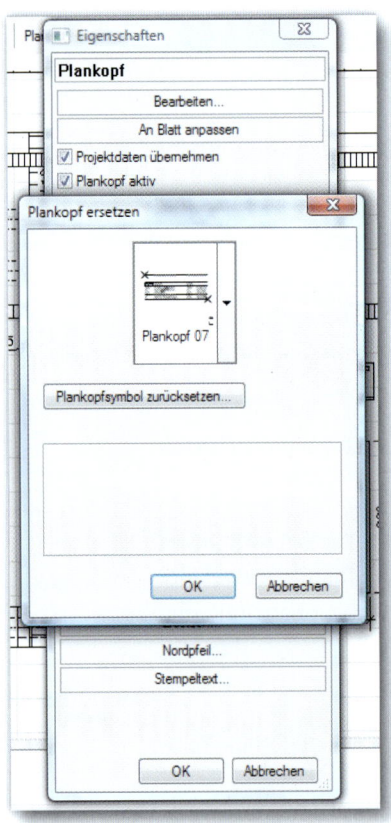

Hier können Sie einen vorgegebenen Plankopf auswählen.

Dritte Möglichkeit

Eine weitere Möglichkeit ist das Anlegen von eigenen Planköpfen.

Öffnen Sie eine neue Datei und zeichnen Sie Ihren eigenen Plankopf ohne Blattumrahmung oder öffnen Sie eine Ihrer ersten Vorgaben, lösen Sie die Gruppe auf $\boxed{\text{STRG}}$ + $\boxed{\text{U}}$ und löschen Sie die Blattumrahmung.

	Datum		Name			
gezeichnet			G. Stein	Philipp-Holzmann-Schule		
geprüft						
Maßstab						Kl.
						Bl.

Tragen Sie alle Informationen ein, die auf allen Dokumenten gleich sein sollen (z. B. Ihren Namen, wenn nur Sie den Plankopf verwenden).

Fassen Sie alles zu einer Gruppe zusammen.

Wählen Sie aus der Liste die Variablen[1], die Sie verwenden möchten, und tragen Sie sie an der entsprechenden Stelle in Ihrem Plankopf (siehe unten) ein.

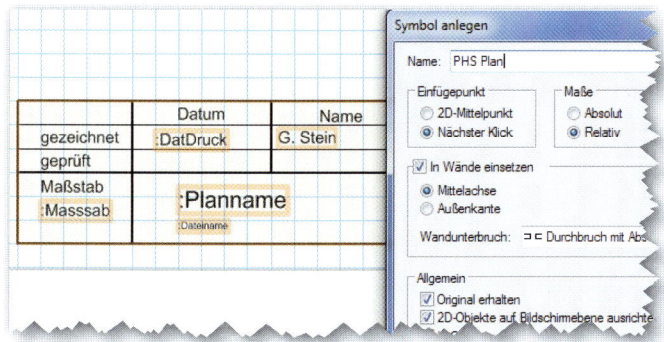

Variable	Bezeichnung im Fenster „Plankopf"
Informationen zum Plan:	
:Planname	Titel
:PlanNr	Plan-Nr.
:Index	Index
:DatGez	Datum gez.
:DatDruck	Datum Druck
:Massstab	Maßstab
:Seiten	Seiten
:Gez	Gezeichnet von
:Gepr	Geprüft von
:DatGepr	Prüfdatum
:Sonstiges	Sonstiges 1
:Sonstiges2	Sonstiges 2
:Sonstiges3	Sonstiges 3
:Sonstiges4	Sonstiges 4
:Stempel	Stempel
Informationen zum Projekt:	
:ProjektNr	Projekt-Nr.
:Dateiname	Dateiname
:Projektname	Titel
:Adresse1	Projektadresse
:Adresse2	Auftraggeber
:Planverfasser	Planverfasser
:Format	In dieses Feld wird automatisch das Papierformat eingetragen (Keine Entsprechung in „Plankopf")

Fassen Sie nun alles zu einem Symbol zusammen und speichern Sie es unter einem geeigneten Namen.

Öffnen Sie die Datei „SchreinerSchulen.vwx". Sie finden sie im Verzeichnis C:/Programme/Vectorworks2012/Bibliotheken/Vorgaben/Plankopf/Plankopf.

Fügen Sie das Symbol in die Datei ein. Schließen Sie die Datei (natürlich vorher speichern). Öffnen Sie die Zeichnung, in die Sie den Plankopf einfügen wollen, und wählen Sie im Menü „Bemaßung" den Befehl „Plankopf einfügen".

---

[1] Vectorworks Hilfe Seite 881 f.

Vectorworks bietet jetzt einen Plankopf an, der am Cursor „hängt". Platzieren Sie den Plankopf in Ihrer Zeichnung und richten Sie ihn aus. Vermutlich ist das jedoch nicht der von Ihnen angelegte.

Wählen Sie in der Infopalette „Ersetzen". Klicken Sie den kleinen Pfeil neben dem Plankopfsymbol an und wählen Sie Ihr Schriftfeld aus.

Der erste Plankopf wird ersetzt und das Schriftfeld passt sich automatisch der gewählten Papiergröße an. Drücken Sie die Taste „ X ".

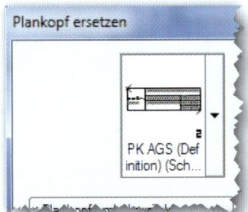

Öffnen Sie mit einem Doppelklick auf Ihren Plankopf die Eingabemaske und füllen Sie die im Plankopf vorgesehenen Felder aus.

Die Eingaben werden jetzt in den Plankopf übernommen.

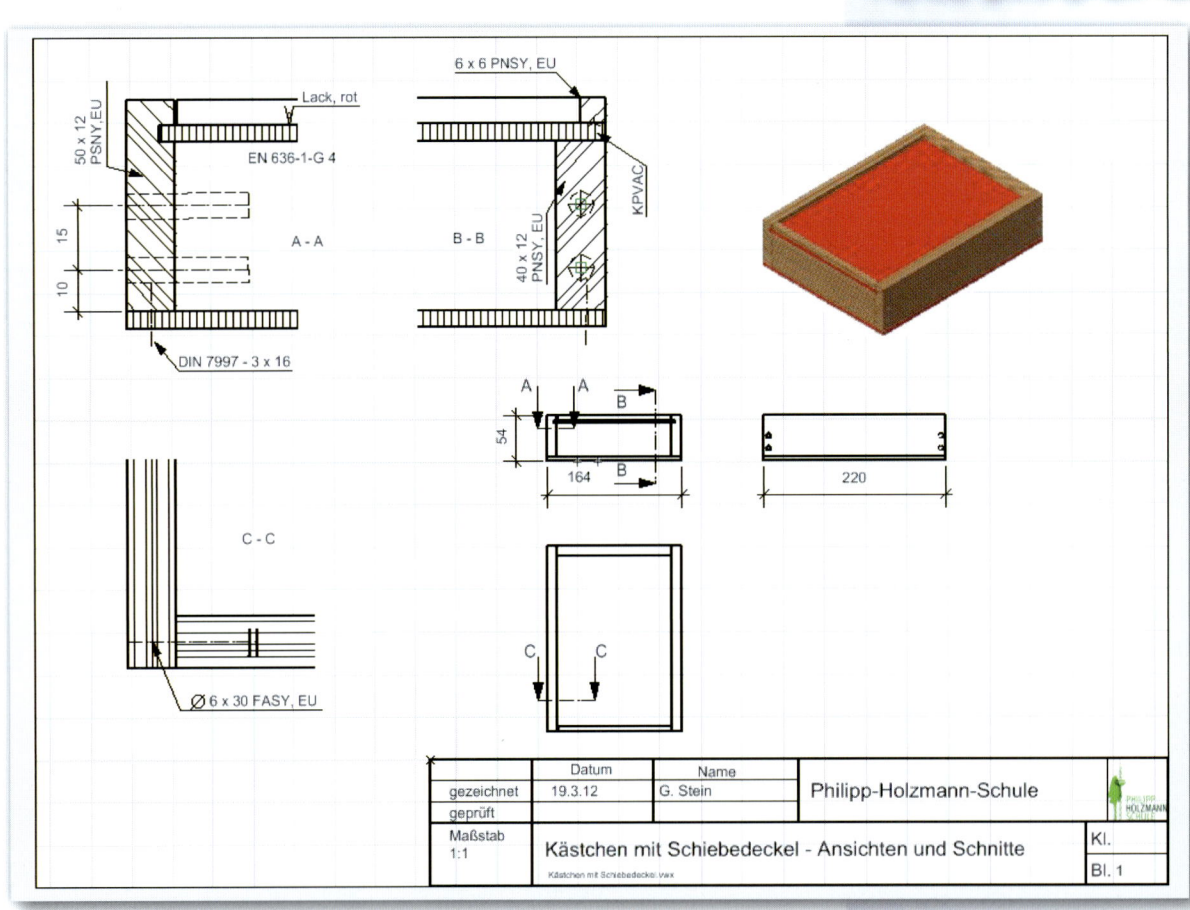

4.4 Spiegelrahmen

In dieser Übung soll ein Rahmen, der z. B. als Spiegelrahmen verwendet werden kann, gezeichnet werden.

Konstruktion des Rahmens

Die Außenmaße des Rahmens sind 500 x 800 mm. Die Friese haben einen Querschnitt von 50 x 21 mm. Die Ecken sind stumpf auf Gehrung verleimt.

Der Spiegel liegt in einem Falz mit den Maßen 14 x 10 mm und wird von einer Falzleiste gehalten.

Vorbereitung: Öffnen Sie eine Ihrer Vorgaben ohne Schriftfeld.

Zeichenmaßstab = 1:2.

Legen Sie folgende Klassen an:

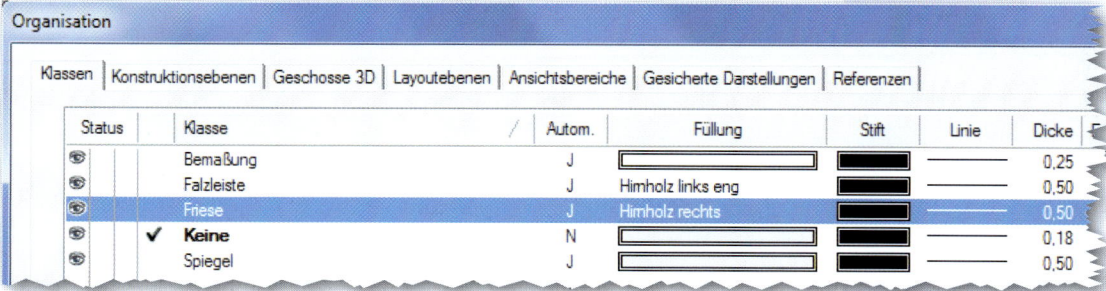

Zeichenvorschlag

Ziehen Sie ein Rechteck mit den Rahmenmaßen 500 x 800 auf und erzeugen Sie einen Tiefenkörper von 21 mm Dicke. Weisen Sie dem Körper die Klasse „Friese" zu.

Die Friesbreite konstruieren Sie mit einer sogenannten NURBS-Kurve, die Sie aus den Außenkanten des Rahmens entwickeln.[2]

Wählen Sie hierzu „Modellieren", „Extrahieren 3D" und die Funktion „NURBS-Kurve extrahieren" mit der Einstellung „Fläche aktivieren".

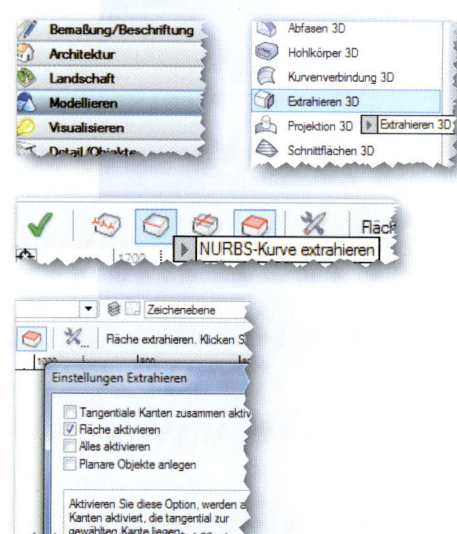

Wählen Sie eine Unterkante des Rahmens an (alle vier sollten jetzt rot dargestellt werden) und bestätigen Sie mit „ ↵ " oder durch die Taste mit dem grünen Haken. Die Außenlinien sind nun zu einer Gruppe zusammengefasst. Kontrollieren Sie in der Infopalette und durch Wechsel der Ansicht.

---

2 Non-uniform rational B-Splines (deutsch: nicht-uniforme rationale B-Splines, kurz NURBS) sind mathematisch definierte Kurven oder Flächen, die im Computergrafik-Bereich, beispielsweise im CGI oder CAD, zur Modellierung beliebiger Formen verwendet werden. Die Darstellung der Geometrieinformation erfolgt über stückweise funktional definierte Geometrie-Elemente. Im Prinzip kann jede beliebige technisch herstellbare oder natürliche Form mithilfe von NURBS dargestellt werden.
(http://de.wikipedia.org/wiki/Non-Uniform_Rational_B-Spline, 1.3.2012, 21.50Uhr)

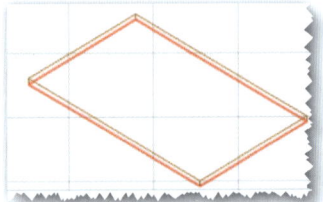

Lösen Sie die Gruppe mit der Tastenkombination „⌨STRG + ⌨U "
auf. In der Infopalette steht jetzt „4 NURBS-Kurven". Fassen Sie
sie mit „⌨STRG + ⌨⇧ + ⌨J " zu einer Kurve zusammen.

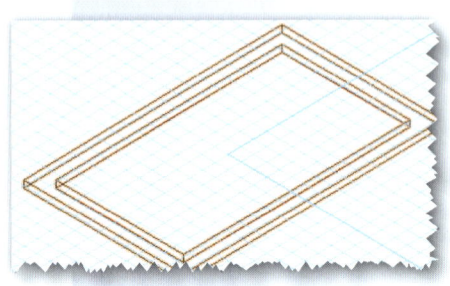

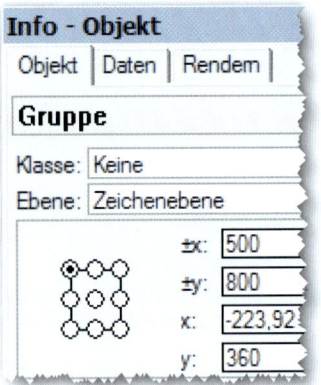

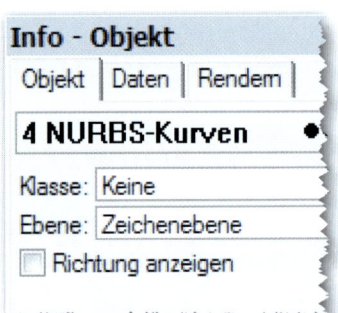

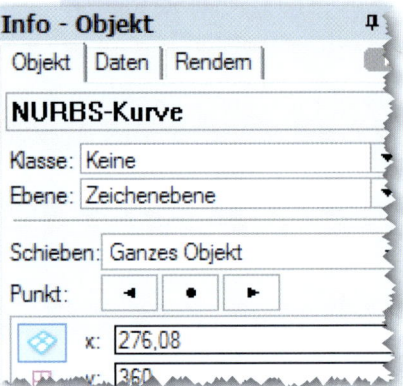

Erzeugen Sie nun mit „Konstruktion", „Parallele" parallele Lini-
en. Hierfür wählen Sie die erste und vierte Variante, geben unter
Einstellungen den Abstand 50 mm ein und wählen „Original löschen" an. Anschließend klicken Sie innerhalb des Rahmens, um
die Richtung der Parallele vorzugeben.

Als Nächstes muss der Mittelteil entfernt werden. Auch hierfür
verwenden Sie die NURBS-Kurve. Zur besseren Übersicht ändern
Sie die Ansicht auf „Rechts vorne oben".

Wählen Sie aus der Werkzeuggruppe „Modellieren" das Werkzeug
„Drücken/Ziehen 3D" und die Einstellung „Fläche extrudieren".
Ziehen Sie die NURBS-Kurve ein Stück nach oben durch die Plat-
te und bestätigen Sie mit „⌨↵ ".

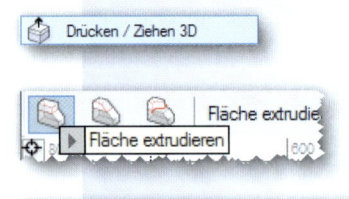

Aktivieren Sie beide Objekte. Wählen Sie "3D-Modell", „Vollkörper anlegen", „Schnittvolumen löschen" ⌨STRG + ⌨ALT + ⌨,,
achten Sie darauf, dass die Platte rot erscheint und bestätigen
Sie mit „OK".

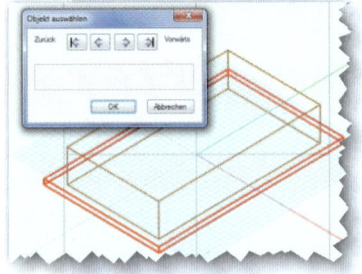

Aus der Platte ist ein Rahmen geworden. In der Infopalette steht
jetzt „Vollkörper Subtraktion".

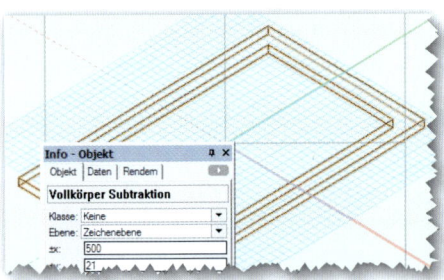

Allerdings ist er noch nicht fertig. Wenn Sie ihn jetzt einmal rendern, das heißt mit Oberfläche darstellen, sehen Sie, dass er noch aussieht wie eine Platte mit Ausschnitt. Aus der Platte muss also noch ein Rahmen werden. Auch fehlen ja noch der Falz für den Spiegel, der Spiegel selbst und die Falzleiste.

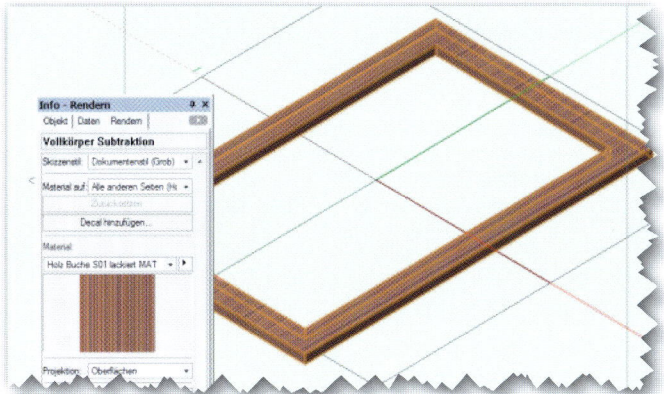

Fangen Sie mit dem **Falz** an:

Auch hierzu verwenden Sie eine NURBS-Kurve, die Sie aus den Innenkanten des Rahmens erstellen.

Wählen Sie wieder „Extrahieren 3D", schalten Sie diesmal die Funktion „Fläche aktivieren" aus, wählen Sie mit gedrückter ⇧-Taste die Innenkanten an und bestätigen Sie mit dem grünen Haken.

Lösen Sie die Gruppe wieder auf STRG + U und fassen Sie die NURBS zu einer Kurve zusammen STRG + ⇧ + J .

Zeichnen Sie auf einer freien Fläche auf dem Bildschirm ein Rechteck mit den Falzmaßen 10/14. Aktivieren Sie die NURBS-Kurve und das Rechteck.

Wählen Sie unter „3D-Modell" „Pfadkörper anlegen". Wenn die Innenlinie des Rahmens rot markiert ist, bestätigen Sie mit „OK", wenn nicht, drücken Sie auf den Pfeilschalter „Pfad wählen".

Vectorworks hat jetzt eine „Leiste", einen sogenannten Pfadkörper, in die Platte gezeichnet, den Sie durch den Befehl „3D-Modell", „Volumen schneiden" von der Platte abziehen können. Allerdings sitzt er noch nicht an der richtigen Stelle, da Vectorworks ihn mittig zum Pfad einfügt. (Durch Drücken der Taste „ Y " können Sie einen Ausschnitt vergrößern.)

Nach einem Doppelklick auf den Pfadkörper wählen Sie „Profil" aus und bestätigen mit „OK". Jetzt können Sie die Position des Körpers verändern.

Der Falzquerschnitt wird auf der Mitte eines Achsenkreuzes dargestellt. Fassen Sie an der linken unteren Ecke an und schieben Sie ihn auf den Mittelpunkt.

Verlassen Sie mit „Pfadkörper Profil verlassen" den Bearbeitungsmodus. Der Pfadkörper sitzt jetzt an der richtigen Stelle.

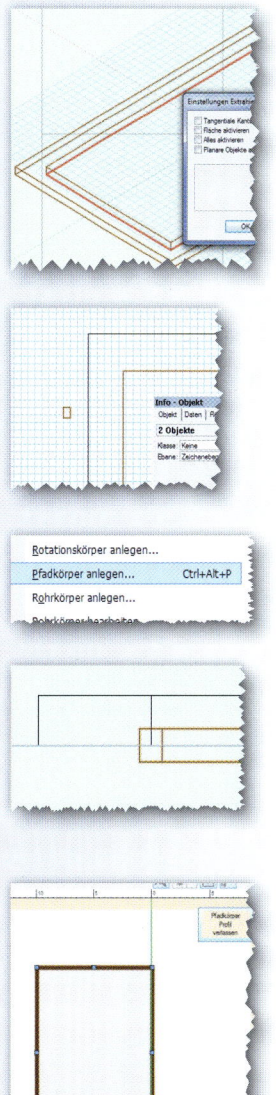

Aktivieren Sie Rahmen und Pfadkörper und wählen Sie unter „3D-Modell" – „Vollkörper anlegen" - „Schnittvolumen löschen" (STRG + ALT + .). Bestätigen Sie mit „OK".

Der Falz ist jetzt fertig. Sie können das Ergebnis in einer anderen Darstellungsweise überprüfen.

Als Nächstes schneiden Sie die Platte in Einzelteile und erhalten auf diese Weise Friese.

Wechseln Sie mit „STRG + 5" in den 2D-Ansichtsmodus.

Um die Platte zu zerschneiden, benötigen Sie ein Werkzeug zum Trennen. Dieses Werkzeug erstellen Sie zuerst.

Zeichnen Sie eine Polylinie von der linken oberen Ecke zur linken inneren und von da nach rechts unten zur Innenecke und weiter zur rechten unteren Außenecke (vgl. Abb.) und beenden Sie mit einem Doppelklick. Wählen Sie „3D-Modell" – „NURBS anlegen" und wandeln Sie die Polylinie in eine NURBS-Kurve um.

Wählen Sie „3D-Modell" – „Verjüngungskörper anlegen", geben Sie einen Wert >30 und für den Winkel 0° ein.

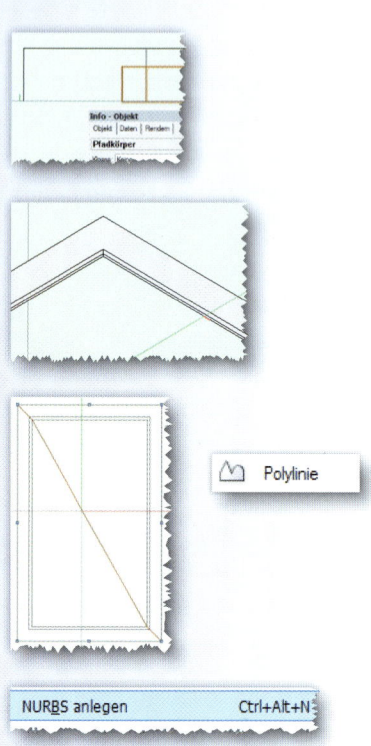

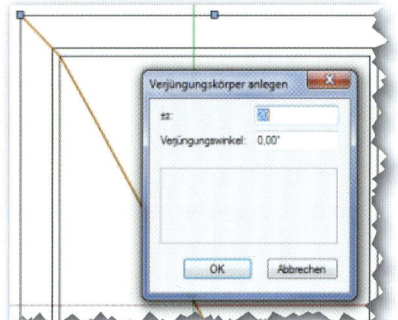
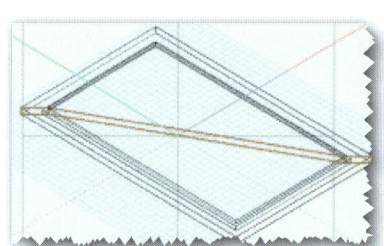

Markieren Sie Rahmen und NURBS-Kurve und wählen Sie „3D-Modell" – „Vollkörper anlegen" – „Volumen schneiden". Der halbe Rahmen ist jetzt verschwunden.

Die verbliebene Rahmenecke schneiden Sie mit dem Werkzeug „Zerschneiden" und der Methode „Zerschneiden (Mit Leitlinie)" in zwei Teile.

Mit dem Befehl „Spiegeln" aus der Konstruktionspalette können Sie den Rahmen jetzt vervollständigen.

Weisen Sie den Rahmenfriesen eine Klasse zu.

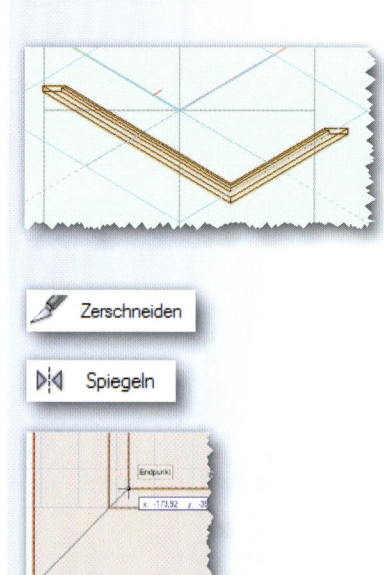

Zeichnen des Spiegels

Als Nächstes zeichnen Sie den Spiegel ein.

Zeichnen Sie ein Rechteck in den Falz. Da der Spiegel zum Falz etwas Luft haben sollte, müssen Sie das Rechteck noch verkleinern. Setzen Sie in der Infopalette den Bezugspunkt auf die Mitte. Jetzt können Sie in der x- und y-Eingabe jeweils 2 mm abziehen. Das Rechteck wird nun ringsherum um jeweils 1 mm verkleinert.

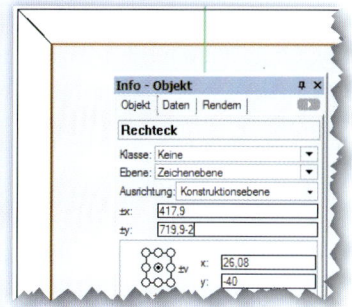

Kontrollieren Sie mit der „Lupe" (Taste Y) das Ergebnis.

Ziehen Sie das Rechteck zu einem Tiefenkörper von 4 mm Dicke auf, weisen Sie dem Rechteck die Klasse „Spiegel" zu und wechseln Sie zur Ansicht „Vorne".

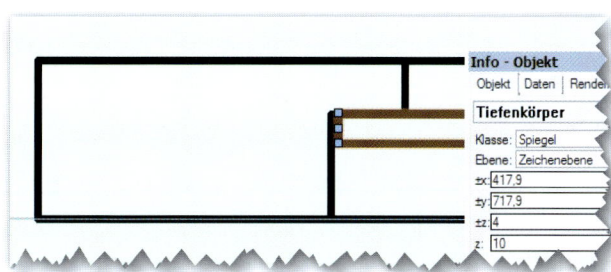

Sie sehen, dass der Spiegel noch nicht im Falz sitzt. Geben Sie in der Infopalette als z-Wert 10 mm ein.

Der Spiegel sitzt jetzt im Falz.

Als Nächstes zeichnen Sie eine Falzleiste mit den Maßen 10/10. Auch diese konstruieren Sie mithilfe einer NURBS-Kurve, die Sie als Pfad verwenden. Da alle Schritte schon einmal vorkamen, erfolgt die Erklärung der einzelnen Schritte nur in Kurzform:

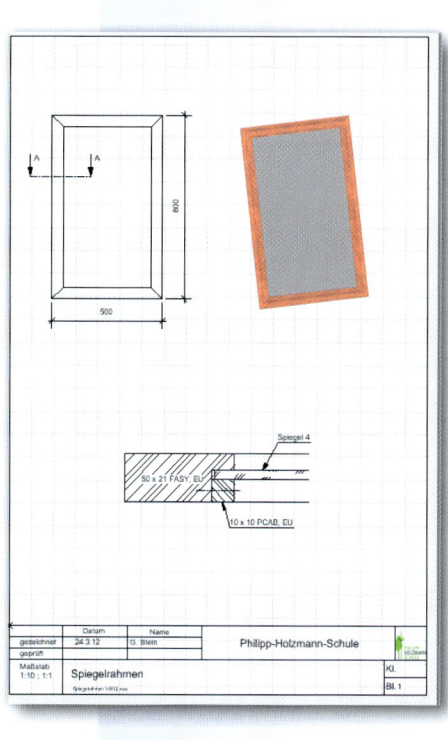

- Ansicht von „Unten" wählen.

- „Extrahieren 3D", Methode „NURBS-Kurve extrahieren".

- Innenkanten aktivieren; dabei darauf achten, dass auch wirklich die Innenkanten des Rahmens und nicht des Spiegels aktiviert werden.

- NURBS-Kurve als Pfad erzeugen.

- Rechteck mit den Maßen 10 x 10 zeichnen.

- Pfadkörper anlegen.

- Pfadkörper positionieren.

- Planlayout anlegen.

- Ausdrucken.

4.5 Blumenhocker

In diesem Kapitel soll ein Blumenhocker mit klassischen Stollenverbindungen gezeichnet werden. Außerdem werden Sie von Vectorworks eine Stückliste der Hockereinzelteile erstellen lassen.

Der Blumenhocker hat die Außenmaße 300 x 300 x 250 mm (Breite, Tiefe, Höhe). Das Hockergestell besteht aus Massivholz. Die Zargen (45 x 20 mm) sind klassisch durch Nutzapfen mit den Stollen (35 x 35 mm) verbunden. Die Hockerplatte besteht aus zwei 19 mm dicken überfurnierten Spanplatten. Die Platten erhalten an den Außenkanten überfurnierte Massivholzanleimer mit 3 mm Hohlkehle. Der Abstand zwischen den Platten beträgt 10 mm.

Auf das Gestell ist eine rundum laufende Leiste (30 x 7 mm) geschraubt. Die Leiste springt 6 mm zurück. Die Platten werden von unten mit Schrauben an der Leiste befestigt.

Fehlende Details sind selbst zu ergänzen.

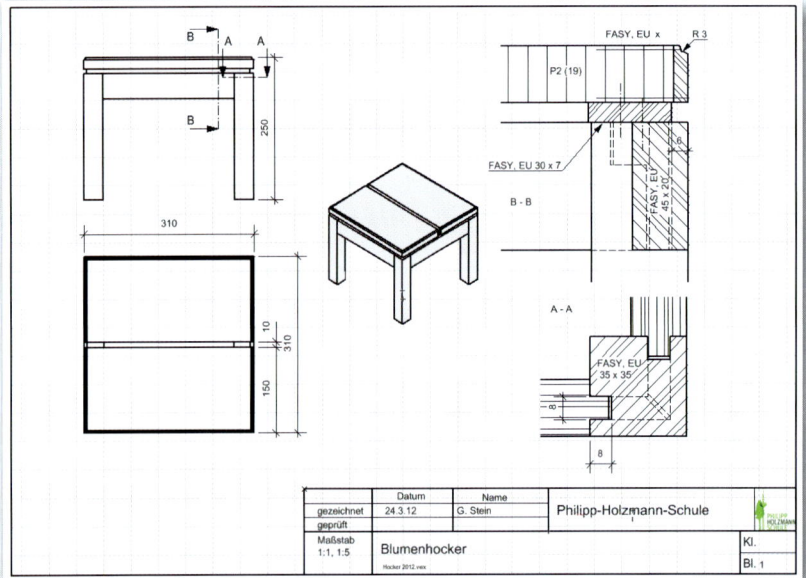

Vorschlag für das Zeichnen

Bei dieser Übung beschränken sich die Erklärungen auf neue Arbeitsschritte oder Befehle. Wenn Sie nicht mehr weiterkommen, schauen Sie in einem der vorherigen Kapitel nach, hier finden Sie bestimmt Hilfe.

Legen Sie **Klassen** an.

Zeichnen Sie einen **Stollen** mit den angegebenen Maßen.

Wählen Sie die Darstellung „Rechts vorne oben".

Stellen Sie in der Darstellungszeile die Objektausrichtung auf „Automatisch" oder Drücken Sie die Taste „A". Wenn Sie jetzt mit dem Mauscursor auf eine Fläche weisen, leuchtet diese blau auf und Sie können direkt auf die Fläche zeichnen.

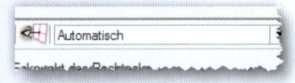

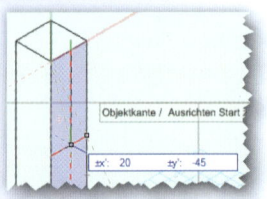

Zeichnen Sie den Querschnitt der Zarge auf eine Seite des Stollens, ziehen Sie ihn zum Tiefenkörper auf (lichtes Zargenmaß).

Als Nächstes fügen Sie die Zapfen an die Stollen.

Der **Zapfen** soll 8 mm breit werden. Aktivieren Sie die Fangfunktion „Am Teilstück ausrichten" und stellen Sie sie auf 6 mm ein (Doppelklick linke Maustaste).

Ziehen Sie im Abstand von 6 mm von der Außenkante ein Rechteck mit den Maßen 8 x 45 mm auf der freien Stirnseite der Zarge auf und ziehen Sie es auf 29 mm auf (Stollenmaß minus 6 mm).

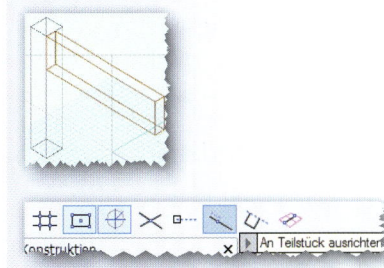

Als Nächstes konstruieren Sie den **Nutzapfen**.

Wechseln Sie in die Ansicht „Rechts vorne oben".

Stellen Sie die Fangfunktion „Am Teilstück ausrichten" auf 8 mm (Größe des Nutzapfens) und legen Sie ein Rechteck über den Zapfen.

Ziehen Sie mit dem Werkzeug „Drücken/Ziehen" einen Tiefenkörper auf.

Aktivieren Sie Zapfen und Tiefenkörper und wählen Sie „3D-Modell" – „Vollkörper anlegen" - „Schnittvolumen löschen" (STRG + ALT + .).

Jetzt „stemmen" Sie die „Zapfenlöcher".

Wechseln Sie in die Ansicht „Oben".

Spiegeln Sie den Zapfen auf die linke Seite der Zarge und anschließend diagonal über den Stollen.

Aktivieren Sie beide Zapfen und den Stollen.

Löschen Sie das Schnittvolumen (STRG + ALT + .). Achten Sie darauf, dass der Stollen dick umrahmt ist, und bestätigen Sie mit „OK".

Die Zapfen sind jetzt gelöscht und im Stollen sind „Löcher". Sie können das in einer anderen Darstellungsart kontrollieren.

Zapfen und Nutzapfen müssen im Stollen etwas Luft haben, sonst geht beim Trocknen des Holzes die Brüstungsfuge auf. Sie müssen den Nutzapfen also etwas kürzen und den Zapfen auch noch abschrägen.

Den Nutzapfen können Sie wieder mithilfe des Werkzeugs „Drücken/Ziehen" bearbeiten.

Wechseln Sie in die Ansicht „Rechts vorne oben", wählen Sie das Werkzeug und drücken Sie den Nutzapfen um 1 mm zurück.

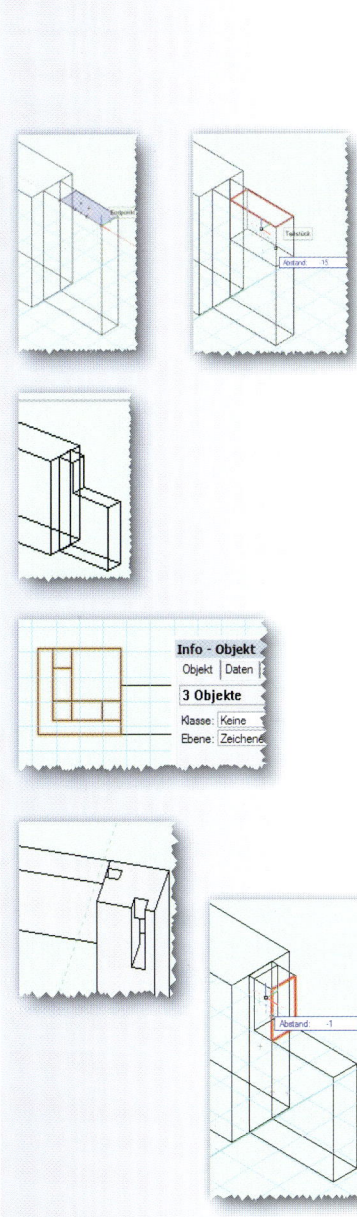

Die Schräge bekommen Sie mit dem Befehl „Abfasen 3D" aus dem Menü „Modellieren".

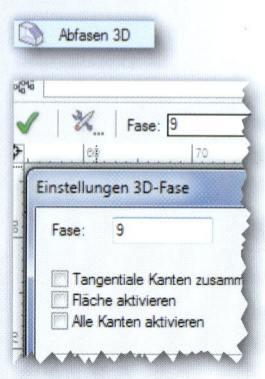

Stellen Sie im Untermenü „Einstellungen" 9 mm ein und entfernen Sie alle Häkchen. Der Zapfen ist nur 8 mm dick. Durch die Einstellung auf 9 mm wird er gleich gekürzt.

Wählen Sie die rechte Seite des Zapfens an und bestätigen Sie mit „⏎".

Der Zapfen ist jetzt fertig.

Wechseln Sie wieder in die Ansicht „Oben".

Spiegeln Sie den Zapfen auf die linke Seite der Zarge, wählen Sie beide Zapfen und die Zarge an und fassen Sie sie mit dem Befehl „Volumen zusammenfügen" (STRG + ALT + K) aus dem Menü „3D-Modell" zu einem Körper zusammen.

Weisen Sie der Zarge eine Klasse zu.

Aktivieren Sie den Stollen und weisen Sie auch ihm eine Klasse zu.

Vervollständigen Sie das Hockergestell durch Spiegeln der Einzelteile.

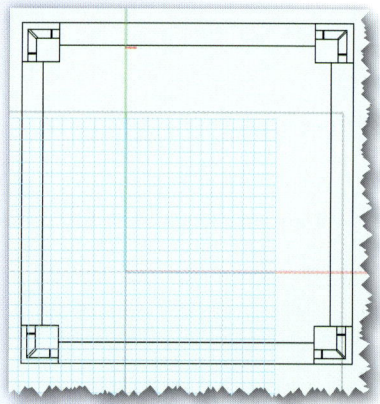

Nun zeichnen Sie die **Leisten**.

Gehen Sie dabei so vor wie in Kapitel 4.4 „Spiegelrahmen" (S. 86 ff.).

Zeichnen Sie also zuerst ein Rechteck mit den Maßen 300 x 300 mm, reduzieren Sie es auf 288 x 288 mm und ziehen Sie es zum Tiefenkörper (z = 7) auf.

Ab hier können Sie die Anweisungen aus Kapitel 4.4 „Spiegelrahmen" bis zum Befehl „Schnittvolumen löschen" übernehmen.

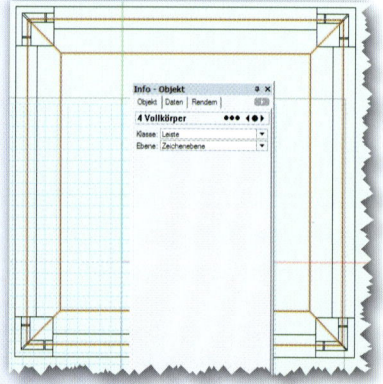

Schneiden Sie nun den entstandenen Rahmen in vier Einzelteile. Da die Platte quadratisch ist, brauchen Sie hier keinen Verjüngungskörper wie beim Spiegelrahmen, sondern Sie können direkt schneiden. Drücken Sie beim Schneiden die ALT -Taste, sonst schneiden Sie den ganzen Hocker durch.

Aktivieren Sie alle vier Leisten und weisen Sie ihnen eine Klasse zu.

Zeichnen Sie als Nächstes eine der beiden 20 mm dicken **Platten**. Ziehen Sie von den Außenmaßen die Hälfte des Zwischenraums und die Dicke der Anleimer ab. Die Platte wird also nach allen Richtungen um je 5 mm kleiner. Erzeugen Sie wieder einen Tiefenkörper.

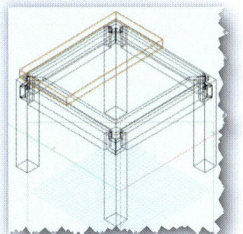

Konstruieren Sie die **Anleimer** als „Pfadkörper" an den drei Außenkanten.

Zeichnen Sie den Querschnitt des Anleimers auf einer freien Fläche.

Fassen Sie die drei Außenkanten der Platte zu einer NURBS-Kurve zusammen (vgl. S. 86 ff.).

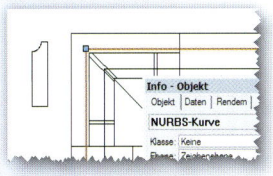

Wählen Sie die NURBS-Kurve und das Profil des Anleimers an und erstellen Sie einen Pfadkörper (3D-Modell – Pfadkörper anlegen).

Die Leiste sitzt jetzt noch zu weit oben und auch zu weit innen. Sie muss noch positioniert werden.

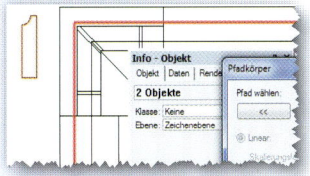

Doppelklicken Sie auf die Leiste.

Wählen Sie im Dialog „Profil" an und bestätigen Sie mit „OK".

Verschieben Sie das Profil nach links oben und beenden Sie die Bearbeitung durch „Pfadkörper Profil verlassen".

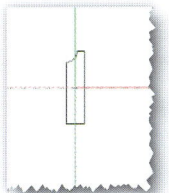 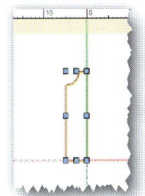 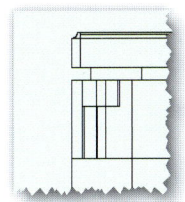

Wechseln Sie zur Ansicht „Oben", schneiden Sie den Pfadkörper mit dem Werkzeug „Zerschneiden" und der Methode „Mit Leitlinie" an den Ecken durch. Vergessen Sie nicht, die ALT -Taste zu drücken, sonst schneiden Sie den ganzen Hocker durch.

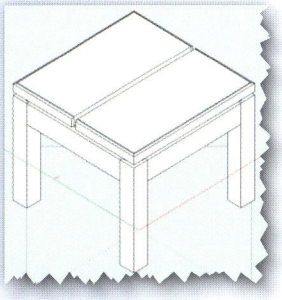

Weisen Sie den „Anleimern" eine Klasse zu und kopieren Sie die Platte auf die zweite Hockerseite.

Der Hocker ist jetzt fertig gezeichnet.

Wechseln Sie in die Ansicht „Rechts vorne oben" und probieren Sie unterschiedliche Darstellungsmöglichkeiten aus.

Möchten Sie dem Hocker eine Holzart zuweisen, markieren Sie den gesamten Hocker, gehen Sie in der Infopalette auf „**Rendern**".

Wählen Sie in der Vectorworks-Bibliothek „3D-Materialien" die Datei „HolzMAT". Hier können Sie dem Hocker eine Holzart zuweisen.

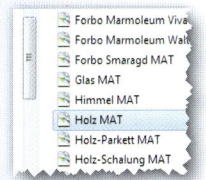

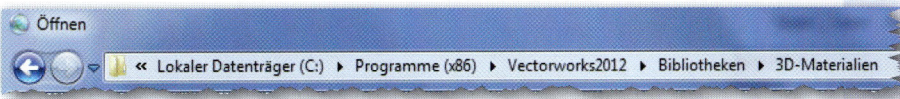

Korrigieren Sie wenn nötig die Texturrichtung.

Jetzt müssen Sie „nur noch" die eigentliche **technische Zeichnung** erstellen.

Legen Sie Ansichten und Schnitte auf einen Plan mit der Größe A4. Wählen Sie als Maßstab für die Ansichten 1:5 und für die Schnitte 1:1.

Die einzelnen Arbeitsschritte sind u. a. in Kapitel 4.4 „Spiegelrahmen" genauer beschrieben. Hier nur noch einmal zur Erinnerung:

- Menü „Ansicht" – „Ansichtsbereich anlegen".

- Ansichten zweimal kopieren und jeweils Blickrichtung und Darstellungsart zuweisen (Maßstab für die Perspektive evtl. ändern).

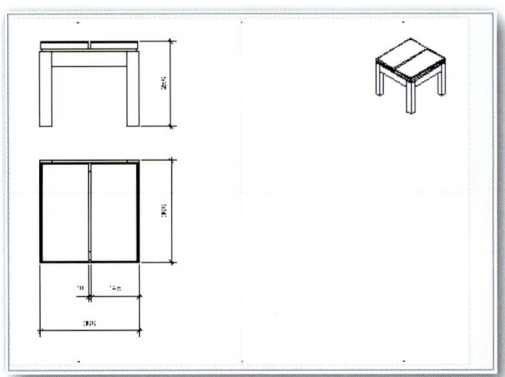

- Ansichten bemaßen.

- Schnitte anlegen, Maßstab 1:1, Ansichten begrenzen.

  Je nachdem, welche Schraffuren Sie den Klassen zugewiesen haben, muss die Schraffurrichtung bzw. -art der Zarge im Horizontalschnitt und im Vertikalschnitt korrigiert werden.

  Gehen Sie folgendermaßen vor:

  Aktivieren Sie zunächst den Vertikalschnitt. Wählen Sie in der Infopalette den Punkt „Klassensichtbarkeiten".

  Wählen Sie mit einem Doppelklick auf das Symbol vor der Klassenbezeichnung die Klasse aus, die Sie der Zarge zugewiesen haben.

  Wählen Sie unter „Schraffur" eine Klasse mit passender Schraffur aus und bestätigen Sie mit „OK".

  Die Schraffur ist in diesem Schnitt jetzt richtig.

  Aktivieren Sie den Horizontalschnitt.

  Hier ist eine Zarge richtig, die andere falsch.

  Eine Korrektur wie beim ersten Schnitt löst das Problem nicht, weil beide Zargen die gleiche Klasse haben. Sie können die Schraffuren nur korrigieren, indem Sie zwei gegenüberliegenden Zargen eine andere Klasse zuweisen.

  Wechseln Sie also auf die Konstruktionsebene und legen Sie eine neue Klasse an, wählen Sie zwei Zargen aus und weisen Sie die neue Klasse zu.

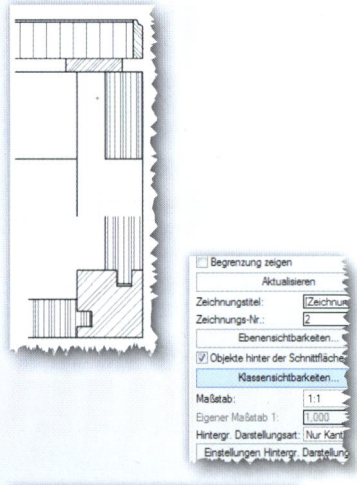

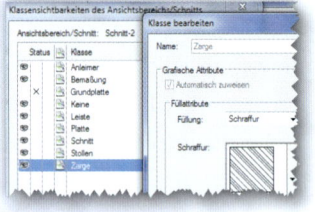

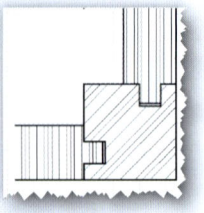

Kontrollieren Sie das Ergebnis, die Schraffuren müssten jetzt richtig sein.

- Verdeckte Kanten ergänzen.

  Die verdeckten Kanten könnten Sie sich auch einblenden lassen, indem Sie in der Infopalette die Darstellungsart von „Nur Kanten" auf „Alle Kanten" ändern. Allerdings werden die Linien dann in der gleichen Strichstärke wie die Körperkanten angezeigt. Es empfiehlt sich daher, die verdeckten Kanten als Ergänzung einzutragen.

- Zeichnung bemaßen und beschriften.

- **Plankopf** einfügen.

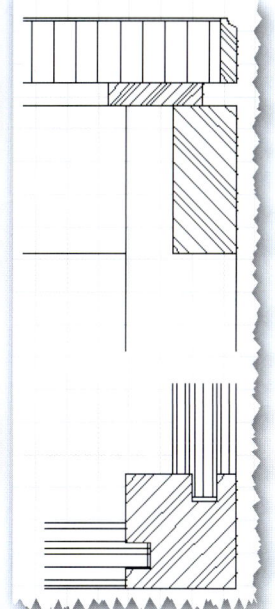

Anlegen der Stückliste

Für Ihr Gesellenstück benötigen Sie auch eine Material- bzw. Stückliste. Auch hier kann Ihnen Vectorworks die Arbeit erleichtern. Die wesentlichen Informationen für eine Stückliste, nämlich Anzahl und Abmessungen der einzelnen Bauteile, sind ja in Ihrer Zeichnung vorhanden und müssen nur noch aufgelistet werden.

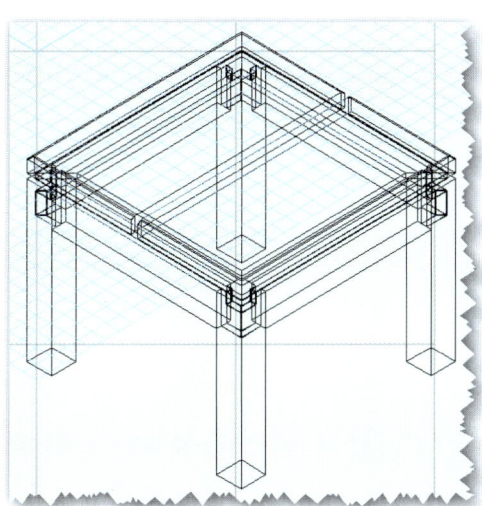

Wenn Sie schon einmal aus einer Zeichnung alle Bauteile mit den entsprechenden Maßen herausgesucht haben, um eine ordentliche Liste z. B. für den Zuschnitt zu erstellen, wissen Sie, wie mühsam, aber auch fehleranfällig das ist. Es könnte sich also lohnen, diese Arbeit mit Vectorworks zu erledigen. Am Beispiel „Blumenhocker" können Sie das jetzt einmal ausprobieren.

Wechseln Sie auf die Konstruktionsebene und wählen Sie als Darstellungsart „Drahtmodell" und als Ansicht „Links vorne oben".

Markieren Sie den gesamten Hocker ([STRG] + [A]).

Wählen Sie in der Konstruktionspalette das Werkzeug „Ähnliches aktivieren". Als „Aktivierungsset" wählen Sie „Klasse".

Wenn Sie jetzt mit dem Werkzeug ein Bauteil des Hockers anklicken, werden alle baugleichen Teile aktiviert.

Wählen Sie das Menü „interiorcad" und hier „Ausführung bearbeiten".

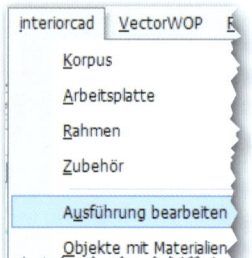

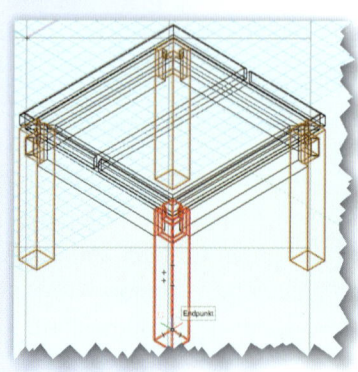

In der Maske werden in der linken Tabelle die ausgewählten Einzelteile des Hockers aufgelistet und grafisch dargestellt.

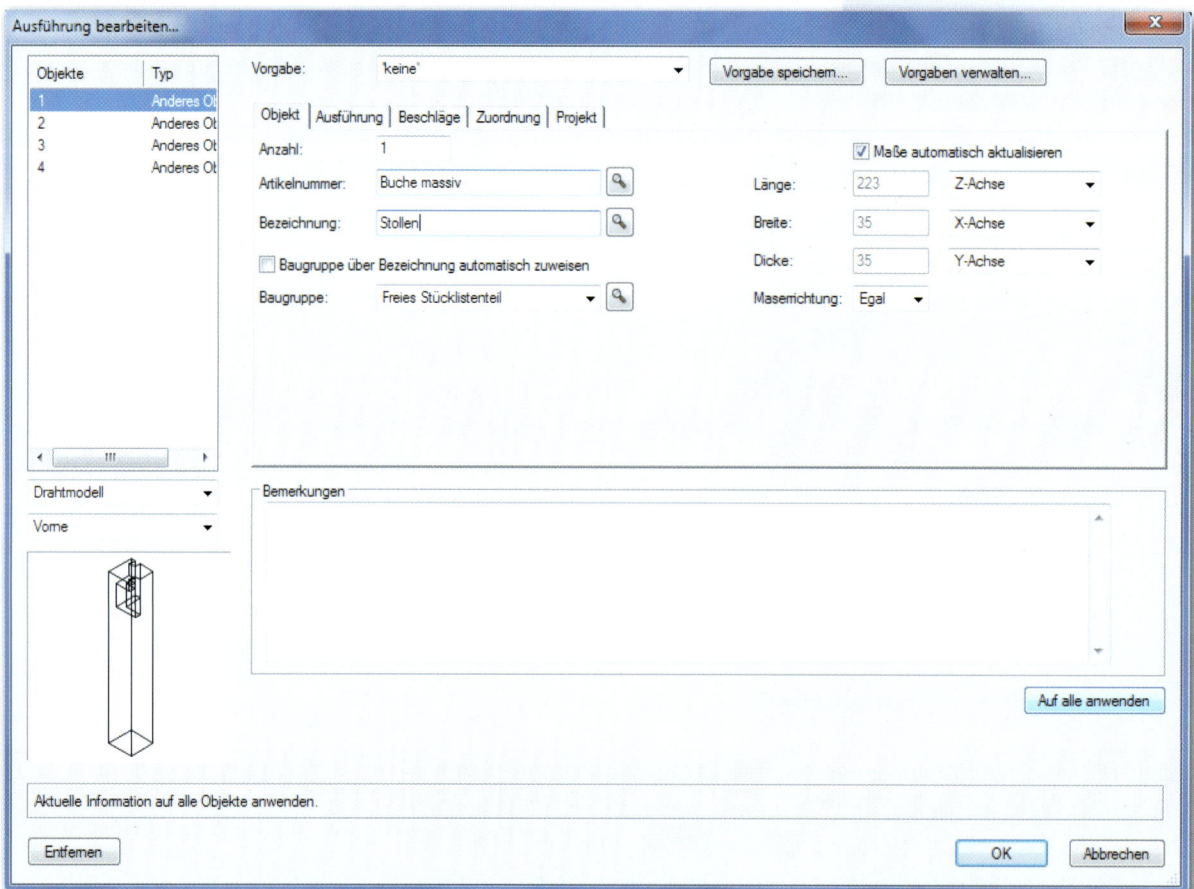

Entfernen Sie das Häkchen vor „Baugruppe über Bezeichnung automatisch zuweisen".

In das Feld „Artikelnummer" geben Sie das Material des Bauteils ein und in das Feld „Bezeichnung" den Verwendungszweck des Bauteils, also z. B. „Stollen".

Klicken Sie auf das Feld „Auf alle anwenden". Die Einstellungen werden jetzt für alle vier Elemente übernommen.

Bestätigen Sie mit „OK".

Wiederholen Sie diesen Vorgang für alle Bauteile des Hockers.

Aktivieren Sie alle Teile des Hockers STRG + A .

Wählen Sie anschließend „interiorcad" – „Dokumente" – „Export".

Hier können Sie jetzt unterschiedliche Programme auswählen, um die Daten weiterzubearbeiten. Wenn Sie hier keine Erfahrung haben, wählen Sie „Datenblatt".

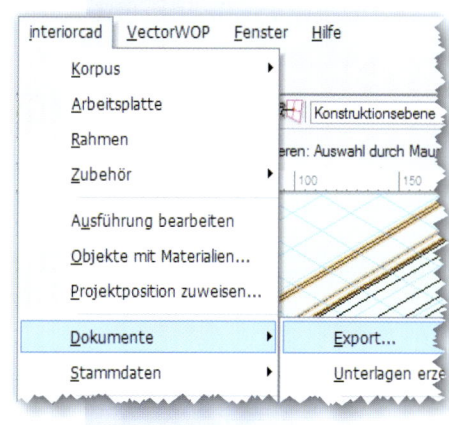

Es wird jetzt direkt in der Zeichnung eine Tabelle mit allen Hockerteilen geöffnet. Sie können diese Liste ähnlich wie bei MS-Excel weiterbearbeiten, also z. B. Spalten löschen oder hinzufügen, Schriftart ändern, von Hand zusätzliche Daten eingeben oder die Überschriften verändern. Sie können natürlich auch Berechnungen durchführen.

Die Bearbeitungsmöglichkeiten können Sie über die rechte Maustaste oder über den kleinen schwarzen Pfeil über der Zeilennummerierung aufrufen.

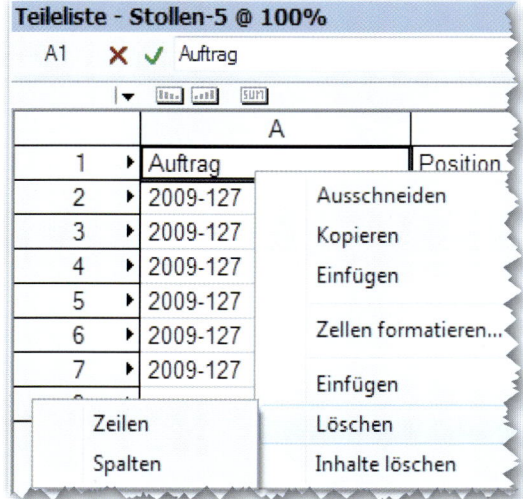

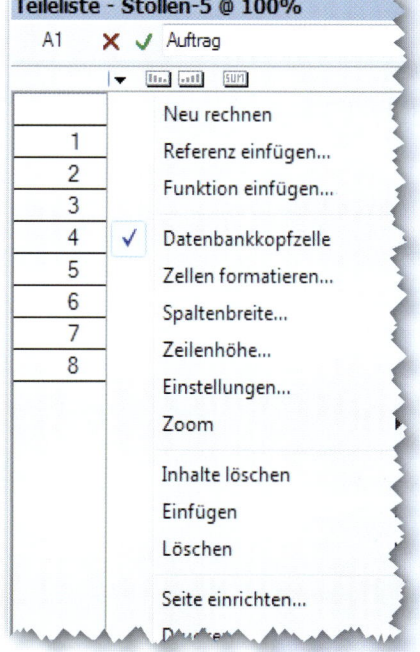

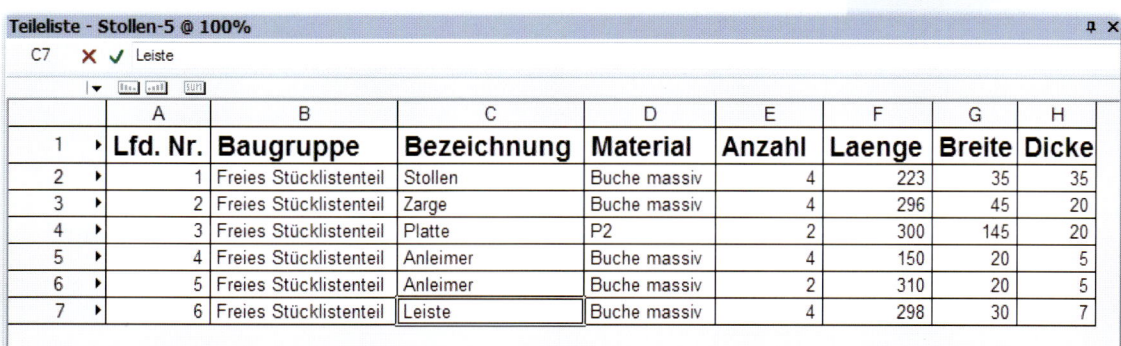

		A	B	C	D	E	F	G	H
1	▸	**Lfd. Nr.**	**Baugruppe**	**Bezeichnung**	**Material**	**Anzahl**	**Laenge**	**Breite**	**Dicke**
2	▸	1	Freies Stücklistenteil	Stollen	Buche massiv	4	223	35	35
3	▸	2	Freies Stücklistenteil	Zarge	Buche massiv	4	296	45	20
4	▸	3	Freies Stücklistenteil	Platte	P2	2	300	145	20
5	▸	4	Freies Stücklistenteil	Anleimer	Buche massiv	4	150	20	5
6	▸	5	Freies Stücklistenteil	Anleimer	Buche massiv	2	310	20	5
7	▸	6	Freies Stücklistenteil	Leiste	Buche massiv	4	298	30	7

4.6 Hängeschrank mit Rahmentüren und innen liegenden Schubkästen

Außenmaße: 700/800/250 (b/h/t)

Korpus: MDF 19 mm mit überfurniertem 3-mm-Anleimer, ein Einlegeboden aus 16 mm MDF. Rückwand 8 mm FU furniert. Der Korpus ist gedübelt.

Türen: Rahmentüren aus Vollholz 45 x 21 mm. Füllung: 16 mm MDF, farbig deckend lackiert, einseitig abgeplattet für 15 mm sichtbare Schattennut. Anschlag: Möbelband Kröpfung D 7,5, Mittenanschlag überfälzt. Zuhaltung: Einsteckschloss Dornmaß = 15, Kantenriegel.

Schübe: Zwei klassisch geführte stumpf in 5 mm zurückstehenden Beistoßleisten einschlagende innen liegende Schubkästen aus Buche unter einem Zwischenboden. Die Seitenhöhe beträgt 100 mm. Bohrungen zum Öffnen der Schübe. Schübe und Zwischenboden stehen gegenüber den Seitenwänden um 40 mm zurück.

Fehlende Angaben bitte fachlich richtig ergänzen.

Fertigen Sie zuerst eine Freihandskizze des Schrankes an.

Zeichnen des Schrankkorpus

Das sollte jetzt ohne Anleitung gehen. Vergessen Sie nicht, vor dem Zeichnen Klassen einzurichten.

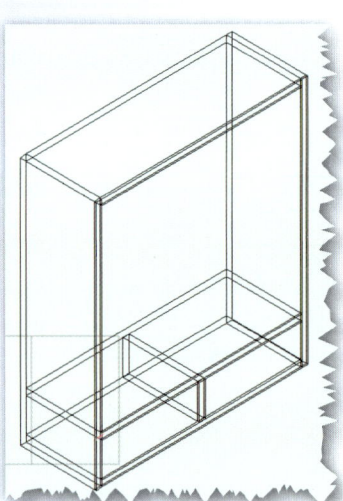

Tipp: Die Massivholzanleimer lassen sich leicht einzeichnen, wenn Sie sie mit der Funktion „Zerschneiden" von der Platte trennen.

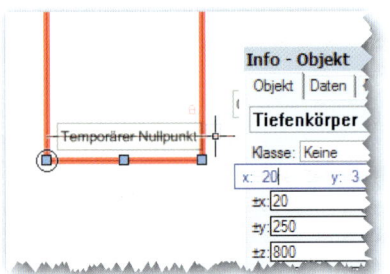

Fassen Sie die Einzelteile des Schrankkorpus zu einer Gruppe zusammen (STRG + G). Legen Sie eine neue Klasse an, die Sie „Korpus" nennen. Weisen Sie der Gruppe die Klasse zu. Bei der Eingabeaufforderung wählen Sie „Nein". Ihre Einstellungen für die einzelnen Elemente, also z. B. Schraffuren, gehen sonst verloren.

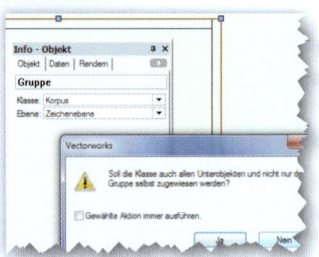

Klicken Sie in der Infopalette das kleine Feld neben der Klassenanzeige an. Sie können jetzt in der „Statusspalte" wählen, ob die Elemente der Klasse sichtbar oder unsichtbar sein sollen. Außerdem können Sie die Elemente noch in „Grau" darstellen lassen, dann sind sie zwar sichtbar, können aber nicht bearbeitet werden. Wählen Sie für den Korpus diesen Status.

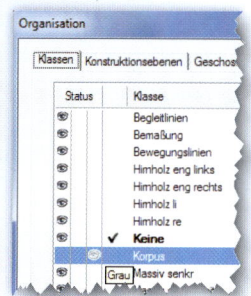

Konstruktion der Türen

Zeichnen Sie in das lichte Maß des Schrankkorpus von der linken oberen Innenecke aus ein Rechteck bis zur unteren rechten Ecke des Schrankes. Achten Sie darauf, dass die Seite blau aufleuchtet, sonst sitzt die Tür an der Rückseite.

Rechteck für den Türaufschlag je 6 mm nach oben und unten sowie 7 mm nach links vergrößern. Achten Sie auf die jeweiligen Anfasspunkte.

Rechteck auf -21 mm zu Tiefenkörper aufziehen, sodass die Tür im Korpus sitzt.

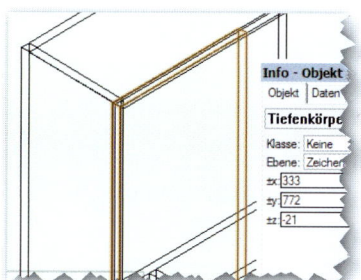

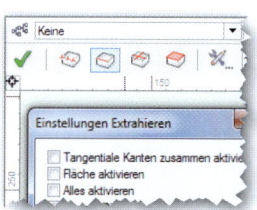

Herstellen des Außenfalzes

- Aus den Innenkanten eine NURBS-Kurve extrahieren. Hierzu „Fläche aktivieren" ausschalten.

- Gruppe zu NURBS-Kurve umwandeln.

- Rechteck mit den Maßen 7,5 x 14 (Falzmaß) auf eine freie Fläche zeichnen. Rechteck und NURBS aktivieren.

- Mit „3D-Modell", „Pfadkörper anlegen" Pfadkörper konstruieren.

- In Ansicht „Unten" wechseln. Die Position des Pfadkörpers muss noch korrigiert werden.

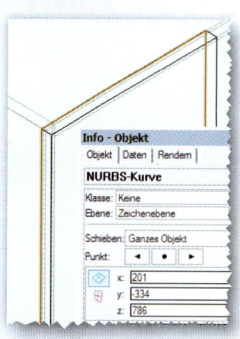

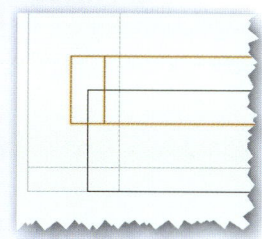

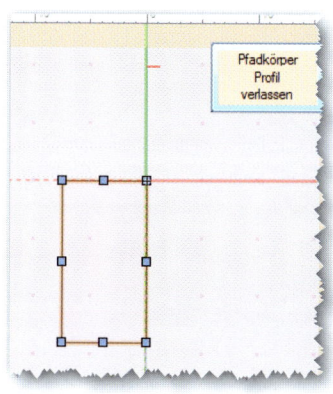

- Hierzu mit einem Doppelklick auf den Pfadkörper in „Pfadobjekt bearbeiten" wechseln, hier „Profil" wählen.

- Ansicht „Vorne" einstellen, Rechteck nach links unten verschieben und über „Pfadkörper Profil verlassen" zur Konstruktionsebene zurückkehren.

- Ergebnis kontrollieren.

- Pfadkörper und Rahmen anwählen und Schnittvolumen löschen.

- Ergebnis durch Wechsel in andere Darstellungen kontrollieren.

- Mit „$\boxed{\text{STRG}}$ + $\boxed{\text{ALT}}$ + $\boxed{\text{M}}$" die Tür um -7 mm in y-Richtung verschieben. (Den halben mm Luft brauchen wir für das Band.)

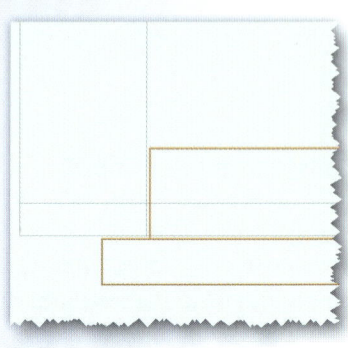

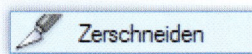

Herstellen der einzelnen Friese

Zur Herstellung der einzelnen Rahmenfriese zerschneiden Sie einfach die Platte.

- Wählen Sie das Werkzeug „Zerschneiden" und die Methode „Zerschneiden mit Leitlinie".

- Trennen Sie die aufrechten Friese. Drücken Sie beim Zerschneiden die $\boxed{\text{ALT}}$-Taste, sonst zerschneiden Sie den darunterliegenden Korpus mit.

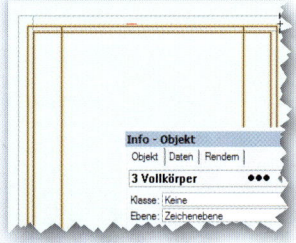

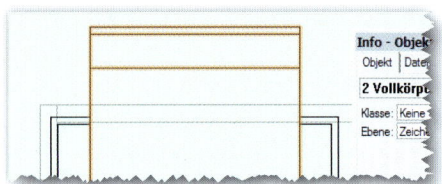

- Schieben Sie das Mittelstück nach unten und löschen Sie das rechte Fries.

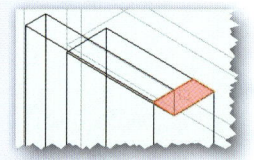

Herstellen des Innenfalzes am aufrechten Fries

- Wechseln Sie in die Ansicht „Rechts vorne oben".

- Zeichnen Sie auf der Stirnseite des Frieses ein Rechteck von 7,5 x 14 mm auf (Abb.). Das Rechteck leuchtet rot auf. Fassen Sie das Rechteck unmittelbar mit dem Mauscursor und ziehen es ein Stück nach unten. Drücken Sie die Tabulatortaste, geben Sie -770 ein und bestätigen Sie mit „$\boxed{\hookleftarrow}$".

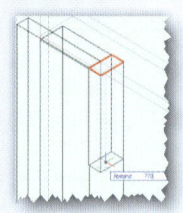

- Wählen Sie den eben entstandenen Tiefenkörper und das Fries an und löschen Sie das Schnittvolumen.

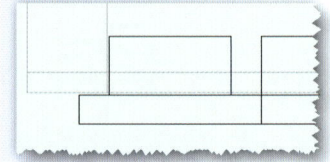

- Kopieren Sie das Fries in den Arbeitsspeicher und spiegeln Sie es um 45° an der linken oberen Ecke.

- Wählen Sie das aufrechte und das waagerechte Fries an und löschen Sie das Schnittvolumen. Fügen Sie das aufrechte Fries mit „STRG + ALT + V" wieder ein.

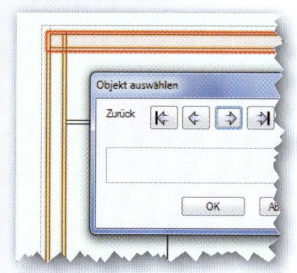

- Kopieren Sie das aufrechte Fries nach rechts. Kopieren Sie das waagerechte Fries in den Arbeitsspeicher. Löschen Sie das Schnittvolumen. Das waagerechte Fries sieht jetzt zwar geteilt aus, der rechte Teil lässt sich jedoch nicht einfach löschen. Schneiden Sie ihn mit „Zerschneiden" ab und löschen Sie ihn.

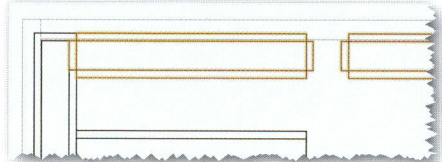

- Fügen Sie das waagerechte Fries wieder ein.

- Löschen Sie das Mittelteil.

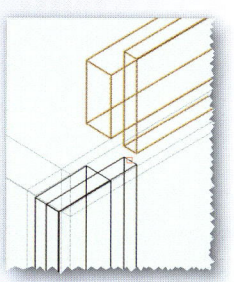

Konstruktion von Schlitz und Zapfen

- Schieben Sie das waagerechte Fries mit „STRG + ALT + M" nach oben, damit die Stirnseite zur Bearbeitung frei liegt.

- Zeichnen Sie ein 7 mm breites Rechteck auf die Stirnseite und ziehen Sie es direkt zu einem 30 mm tiefen Körper auf. (Wenn Sie versehentlich abbrechen, ziehen Sie das Rechteck mit „STRG + E" auf.)

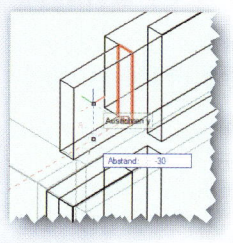

- Spiegeln Sie den Tiefenkörper auf die rechte Seite des Frieses. Fassen Sie die drei Körper mit „3D-Modell", „Vollkörper anlegen", „Volumen zusammenfügen" zu einem Körper zusammen.

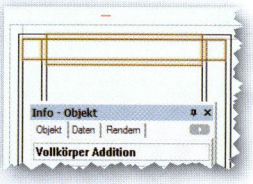

- Schieben Sie das waagerechte Fries wieder nach unten, löschen Sie das Schnittvolumen mit den aufrechten Friesen (Kopieren nicht vergessen) und fügen Sie das waagerechte aus dem Arbeitsspeicher wieder ein.

- Spiegeln Sie das waagerechte Fries nach unten.

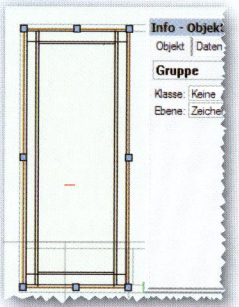

- Markieren Sie die ganze Tür und fassen Sie sie mit „STRG + G" zu einer Gruppe zusammen.

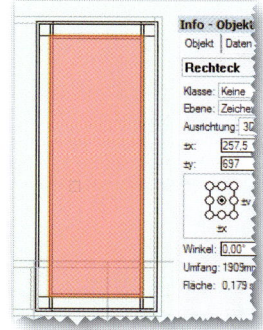

- Legen Sie eine Klasse für die Tür an und weisen Sie sie der Tür zu.

Einfügen der Füllungen

- Wechseln Sie in die Ansicht „Hinten".

- Zeichnen Sie ein Rechteck in den Falz. Kürzen Sie es in Höhe und Breite um insgesamt je 3 mm. (Die Füllung sollte im Falz Luft haben.)

- Ziehen Sie das Rechteck zum Tiefenkörper (t = 16) auf.

- Wandeln Sie die Kante der Füllung in eine NURBS-Kurve um.

- Zeichnen Sie auf einer freien Fläche ein Rechteck (20 x 8) und legen Sie einen Pfadkörper an.

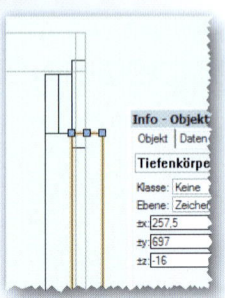

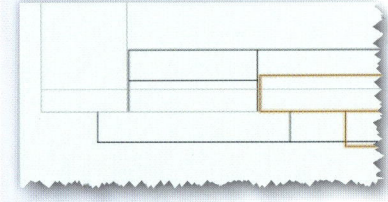

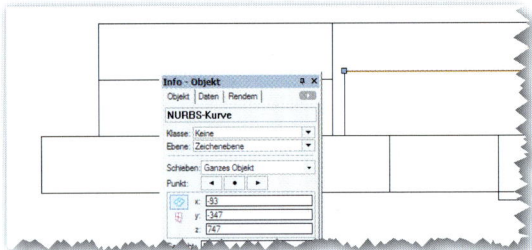

- Positionieren Sie den Pfadkörper und korrigieren Sie die Lage. Löschen Sie das Schnittvolumen.

- Korrigieren Sie den Sitz der Füllung.

Einzeichnen der Füllungsstäbe

- Wechseln Sie auf die Ansicht „Hinten".

- Extrahieren Sie die äußere Kante der Füllung zu einer NURBS-Kurve.

- Zeichnen Sie das Profil der Füllungsleiste (7 x 10). Legen Sie einen Pfadkörper an.

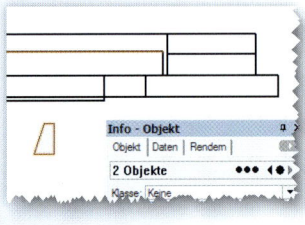

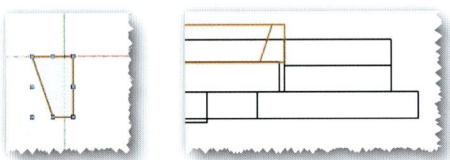

- Korrigieren Sie die Position des Pfadkörpers.

Einfügen des Mittelanschlags

- Wechseln Sie die Ansicht auf „Rechts hinten oben".

- Lösen Sie die Gruppe auf (STRG + U).

- Extrahieren Sie aus der rechten Türinnenkante eine NURBS-Kurve (Gruppe auflösen, die 3 NURBS zusammenfassen).

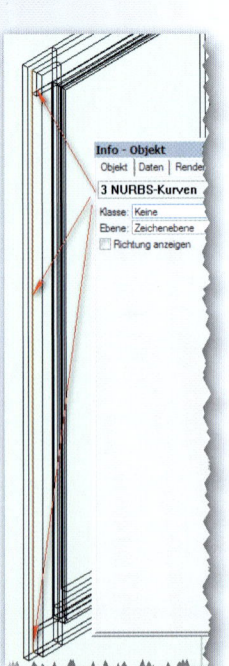

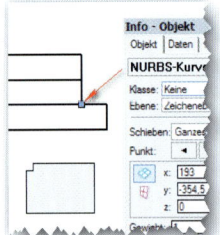
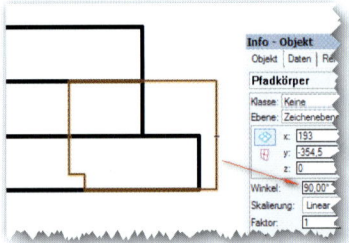
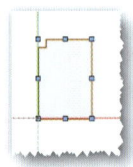

- Wechseln Sie die Ansicht auf „2D-Plan".

- Zeichnen Sie das Profil der Anschlagleiste.

- Legen Sie einen Pfadkörper an. Drehen Sie den Pfadkörper um 90°. Gehen Sie mit einem Doppelklick der linken Maustaste in den Bearbeitungsmodus, wählen Sie „Profil" und spiegeln und verschieben Sie die Leiste.

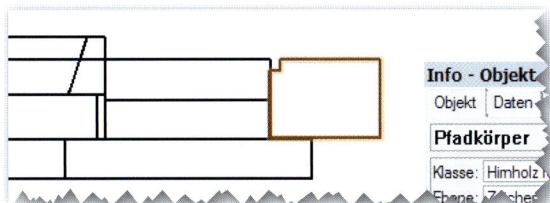

- Markieren Sie die gesamte Tür ohne Mittelanschlag und fassen Sie sie mit „ STRG + G " zu einer Gruppe zusammen. Weisen Sie die Klasse „Tür" zu.

Einfügen der Türen in den Korpus

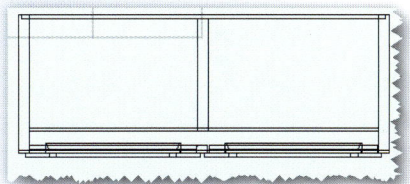

- Blenden Sie den Korpus ein und kontrollieren Sie den Sitz der Tür.

- Spiegeln Sie die Tür nach rechts.

- Kontrollieren Sie das Ergebnis durch andere Darstellungen.

Einzeichnen der Bänder

Auf eine detailgetreue Darstellung wird hier verzichtet. Die Lappen werden in der Schnittdarstellung als verdeckte Kanten ergänzt.

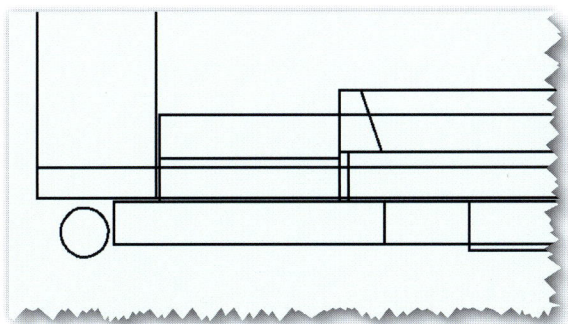

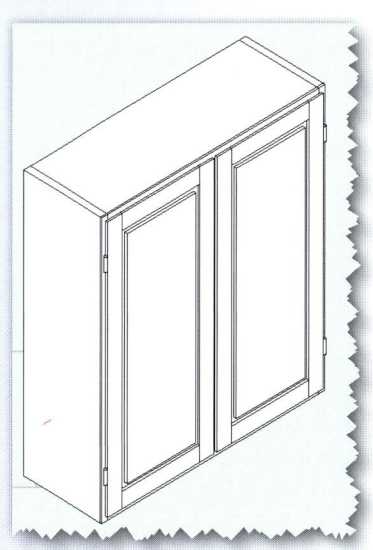

- Zeichnen Sie einen Kreis mit 8 mm Durchmesser, positionieren Sie ihn und ziehen Sie ihn zu einem 40 mm hohen Tiefenkörper auf.

- Positionieren Sie das Band über „3D verschieben" (rechte Maustaste) in z-Richtung.

- Kopieren Sie das Band mit „ STRG + C " und fügen Sie es mit „ STRG + ALT + V " am selben Ort wieder ein.

- Bringen Sie das zweite Band nach oben in die gewünschte Position.

- Kopieren Sie beide Bänder auf die andere Schrankseite.

Anfertigen der Griffe (Vorschlag)

Wählen Sie die Darstellung „2D-Plan".

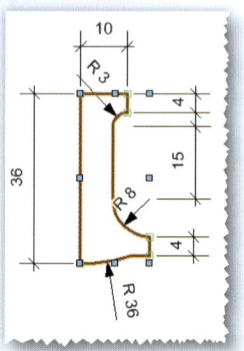

- Zeichnen Sie das halbe Profil des Griffes (natürlich ohne Bemaßung). Fassen Sie die Kontur zu einer Polylinie zusammen.

- Wählen Sie „3D-Modell", „Rotationskörper anlegen".

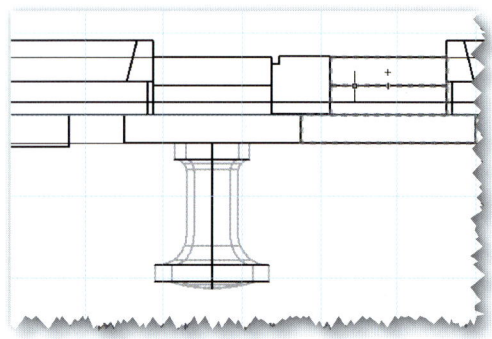

- Verschieben Sie den Griff mit „3D verschieben" (rechte Maustaste) nach oben und „spiegeln" Sie ihn auf den rechten Rahmen.

- Legen Sie zwei neue Klassen an (Tür links, Tür rechts). Fassen Sie alle Elemente der linken Tür zu einer Gruppe zusammen und weisen Sie ihr die Klasse „Tür links" zu.

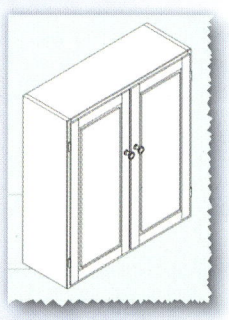

- Fassen Sie alle Elemente der rechten Tür zu einer Gruppe zusammen und weisen Sie ihr die Klasse „Tür rechts" zu.

Einsetzen der Schubkastenführungen

- Blenden Sie zur besseren Übersicht die Klasse „Tür" aus. Wählen Sie als Ansicht „Oben". Die automatische Fangfunktion für die Ebenen können Sie durch Drücken der Taste „A" ein- und ausschalten.

- Zeichnen Sie Beistoßleisten, Lauf-, Kipp-, Streichleiste und Stoppklotz nur einmal. Kontrollieren Sie den Sitz der Leisten durch mehrmaligen Wechsel der Darstellungsart. Weisen Sie den Einzelteilen Klassen zu. Spiegeln bzw. kopieren Sie die Leisten.

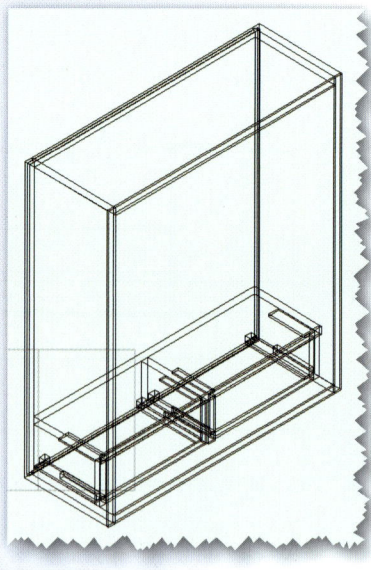

- Fassen Sie alle Teile der Schubkastenführung zu einer Gruppe zusammen. Legen Sie eine neue Klasse an. Weisen Sie der Gruppe diese Klasse zu.

Konstruieren der Schubkästen

Auch die Schubkästen können Sie direkt in den Korpus zeichnen. Schalten Sie die Ebenenfangfunktion ggf. ab. Die Klassen für die Türen können Sie auf „Unsichtbar" einstellen, die Klassen für den Korpus und für die Führungen auf „Grau". Kontrollieren Sie immer wieder durch Wechsel der Darstellungsart.

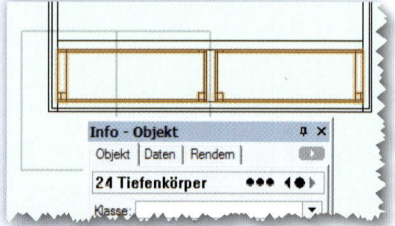

Zeichnen Sie jeweils die **Grundfläche** von Vorderstück, einer Seite und Hinterstück des Schubkastens in den Endmaßen in den Schrank. Ziehen Sie die Einzelteile auf Höhe auf; achten Sie darauf, dass das Hinterstück niedriger (85) wird. Korrigieren Sie die Position. Ergebnis kontrollieren.

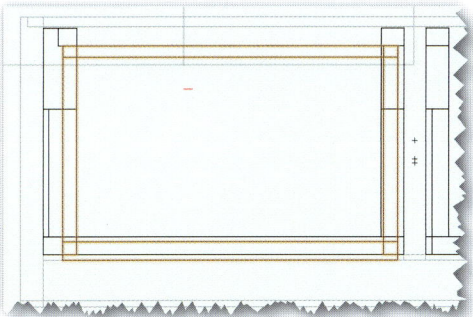

Für den **Schubkastenboden** zeichnen Sie ein Rechteck über den Kasten. Verkleinern Sie ihn nach den Seiten um je 6 mm und nach vorne um 10 mm, sodass Sie später eine Nut von 6 mm Tiefe erhalten. Ziehen Sie das Rechteck zu einem Tiefenkörper von 5 mm auf und schieben Sie ihn nach oben in Position.

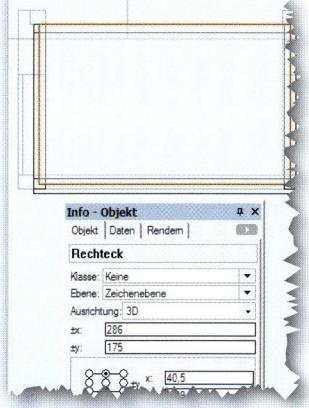

Anbringen der Nut für den Boden

- Kopieren Sie den Boden mit „ STRG + C " in den Arbeitsspeicher.

- Markieren Sie Boden und Vorderstück und löschen Sie das Schnitt-volumen.

- Fügen Sie den Boden mit „ STRG + ALT + V " wieder ein. Markieren Sie Boden und linke Seite, löschen Sie auch hier das Schnittvolumen und fügen Sie den Boden wieder ein. Die rechte Seite brauchen wir nicht zu „nuten", sie wird später sowieso ersetzt.

- Weisen Sie den Einzelteilen Klassen zu.

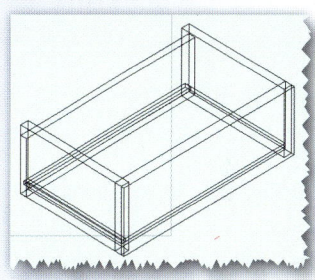

Abschrägen der Seiten

- Wechseln Sie auf die Ansicht „Links".

- Blenden Sie den Korpus und die Führungen aus.

- Wählen Sie das Werkzeug „Zerschneiden".

- Setzen Sie einen temporären Nullpunkt auf die hintere obere Ecke der Schubkastenseite.

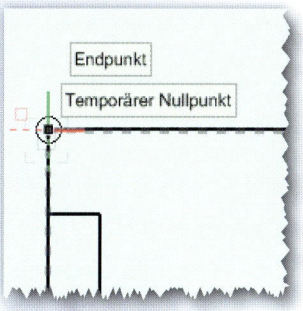

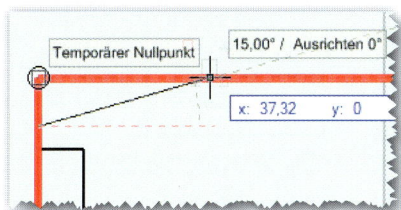

- Drücken Sie den Tabulator und geben Sie als y-Wert -10 ein. Bestätigen Sie den Punkt mit dem Mauscursor.

- Bewegen Sie den Mauscursor nach rechts auf die Oberkante und bestätigen Sie mit „Enter". Wenn Sie die ALT -Taste nicht gedrückt hatten, haben Sie jetzt gleich die Ecken beider Seiten abgeschnitten. Klicken Sie die Ecken an und löschen Sie sie.

Profilieren der Innenseite

- Wählen Sie das Werkzeug „Abfasen 3D"

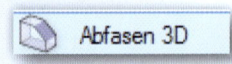

- Wechseln Sie in die Ansicht „Rechts vorne oben".

- Stellen Sie „Fase" auf 3 mm, wählen Sie die obere Innenkante der Seite und der Rückwand an und bestätigen Sie mit „ ↵ ".

Zinken am Vorderstück (vgl. CD-Board, S. 60)

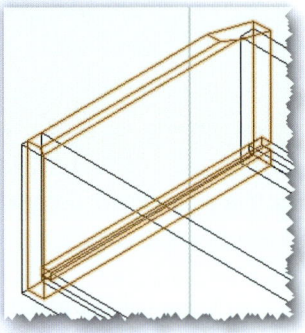

- Wechseln Sie zur Ansicht „Links".

- Berechnen Sie die Anzahl der Teile.

- Legen Sie eine Arbeitsebene über die Stirnseite des Vorderstücks. Wir konstruieren die Zinken mit Hilfspunkten. Die automatische Erkennung funktioniert hierbei nicht, ohne Arbeitsebene werden die Hilfspunkte auf die Grundebene gezeichnet. Die Arbeitsebene wird in „Magenta" dargestellt. Sie können die Lage in einer anderen Darstellungsart kontrollieren.

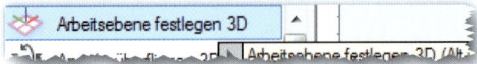

- Wählen Sie „Unterteilen CW" ohne Leitlinie und geben Sie die Anzahl der berechneten Teile ein.

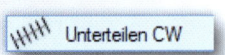

- Setzen Sie einen temporären Nullpunkt auf die innere untere Vorderstückkante, drücken Sie zweimal „ ↵ " und geben Sie 5,5 als x-Wert ein. Ziehen Sie mit dem Mauscursor die Unterteilungen nach oben.

- Wählen Sie den ersten Hilfspunkt an und ziehen Sie eine Linie im Winkel von 170° bis zur Innenkante des Vorderstücks.

- Wechseln Sie in der Infopalette auf die Anzeige Winkel und Länge und geben Sie bei „L" „*2" ein.

- Spiegeln Sie die Linie am nächsten Hilfspunkt und ergänzen Sie zum Trapez.

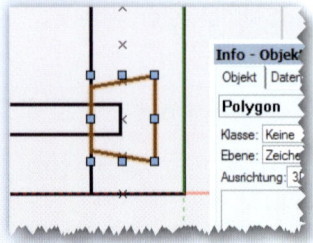

- Fassen Sie die vier Linien mit „ STRG + ALT + J " zu einer Fläche zusammen.

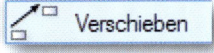

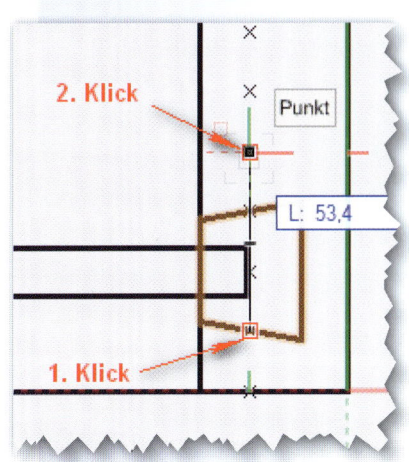

- Ziehen Sie das Trapez auf Materialdicke der Seitenwand (-12 mm) auf.

- Wählen Sie „Verschieben" und geben Sie als Anzahl der Duplikate „4" ein. Kopieren Sie das Trapez nach oben (vgl. Abb.).

- Löschen Sie die Hilfspunkte.

- Wechseln Sie in die Ansicht „Vorne".

- Wählen Sie die Tiefenkörper („Zinken") an und spiegeln Sie sie auf die rechte Seite des Vorderstücks.

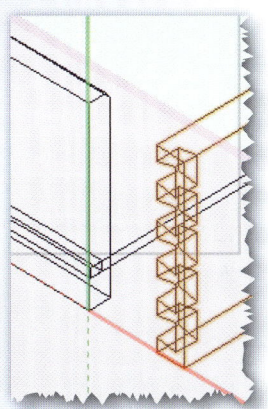

- Wählen Sie das Vorderstück und alle Tiefenkörper an, dann löschen Sie das Schnittvolumen.

- Kontrollieren Sie das Ergebnis in verschiedenen Darstellungen.

- Kopieren Sie das Vorderstück in den Arbeitsspeicher, wählen Sie Vorderstück und Seite an und löschen Sie das Schnittvolumen. Fügen Sie das Vorderstück aus dem Arbeitsspeicher wieder ein.

Konstruieren der Zinken am Hinterstück

- Konstruieren Sie wie beim Vorderstück. Beachten Sie, dass der obere Zinken etwas abgesetzt wird.

- Bringen Sie in der Mitte des Schubkastenvorderstücks eine Bohrung D = 30 mm als Griff an.

- Fassen Sie alle Schubkastenteile zu einer Gruppe zusammen. Legen Sie eine neue Klasse an und weisen Sie ihr den Schubkasten zu.

Einfügen der Schubkästen in den Korpus

- Blenden Sie Führung und Korpus wieder ein.

- Kopieren Sie den Schubkasten nach rechts.

- Kontrollieren Sie die Zeichnung.

- Blenden Sie die Türen wieder ein.

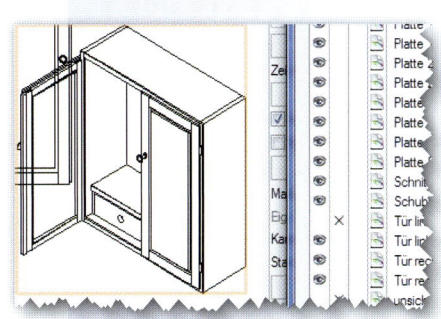

Erstellen des Planlayouts

Ansichten auf Layer erstellen.

Möchten Sie die Türen im Schrägbild im geöffneten Zustand zeigen, gehen Sie folgendermaßen vor: Wechseln Sie auf die Konstruktionsebene. Legen Sie zwei neue Klassen an. Kopieren Sie eine Tür in den Arbeitsspeicher und fügen Sie sie wieder ein. Weisen Sie der Kopie eine der neuen Klassen zu. Drehen Sie die kopierte Tür in die gewünschte Position. Wechseln Sie auf die Ansichtsebene. Gehen Sie in der Infopalette auf „Klassensichtbarkeiten" und setzen Sie die Klasse „Tür links" auf unsichtbar. Verändern Sie die Klassensichtbarkeiten in den anderen Ansichten entsprechend.

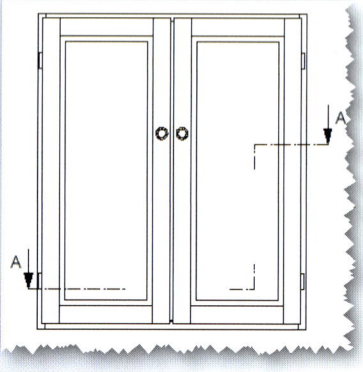

Erstellen Sie aus der Vorderansicht den **Schnitt A-A** (zum Einstellen der Optionen vgl. S. 79 ff.).

Der Schnitt muss nach dem Anlegen umgedreht werden. (In der Infopalette „Schnitt umkehren" anklicken, bei A4-Druckern Maßstab 1:2 wählen.)

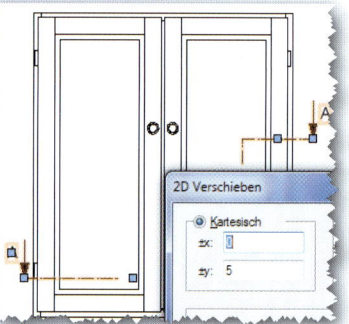

Achten Sie darauf, dass die Zinken korrekt dargestellt werden. Korrigieren Sie evtl. die Höhe des Schnittes, hierzu wechseln Sie in „Ansichtsbereich ergänzen" und aktivieren die Schnittlinie. Mit „Verschieben" STRG + M lässt sich die Schnittlage verändern.

Kontrollieren Sie die **Schraffuren** und korrigieren Sie sie wenn nötig. Gruppen können mit einem Doppelklick in der Konstruktionsebene geöffnet und die Schraffuren dann gewechselt werden.

Die Schnittzeichnung muss nun noch auf die **notwendigen Ausschnitte** reduziert werden. Die Funktion „Begrenzung bearbeiten" ermöglicht nur die Begrenzung auf einen Ausschnitt. Wir brauchen für die Darstellung des Horizontalschnitts aber sechs Ausschnitte.

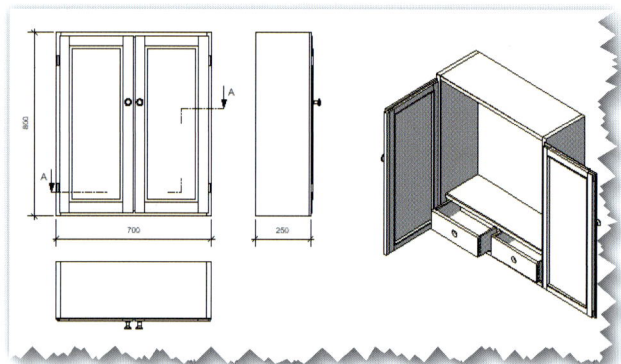

So, wie die Ansichten einfach durch Kopieren einer Ansicht erstellt wurden, können Sie auch verschiedene Ausschnitte erstellen.

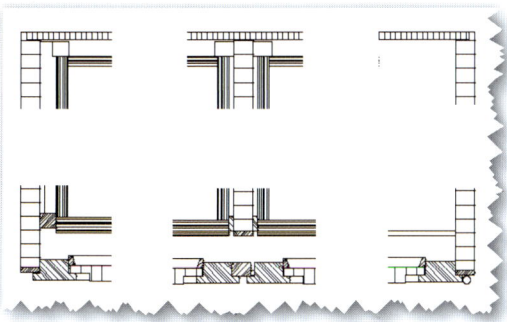

Legen Sie die **Begrenzung** fest. Kopieren Sie den (begrenzten) Schnitt mit „ STRG + C " und fügen Sie ihn mit „ STRG + V " ein. Öffnen Sie mit einem Doppelklick wieder die Bearbeitung „Begrenzung" und legen Sie eine neue fest.

Wiederholen Sie das für jedes benötigte Detail und **positionieren** Sie die Darstellungen.

Als Letztes müssen nun noch die **Ergänzungen** wie z. B. Begleitlinien, Bemaßung, Text usw. eingefügt und das Schriftfeld ausgefüllt werden.

Den **Vertikal- und den Frontalschnitt** erstellen Sie auf die gleiche Weise. Auch hier müssen Sie evtl. die Schraffuren von Rückwand, Füllung und Schubkastenvorder- und -hinterstück korrigieren. Nehmen Sie hier nur Änderungen an den „Klassensichtbarkeiten" vor. Verändern Sie jetzt die Schraffuren auf der Konstruktionsebene, werden diese auch auf Ihre Schnittdarstellung übertragen.

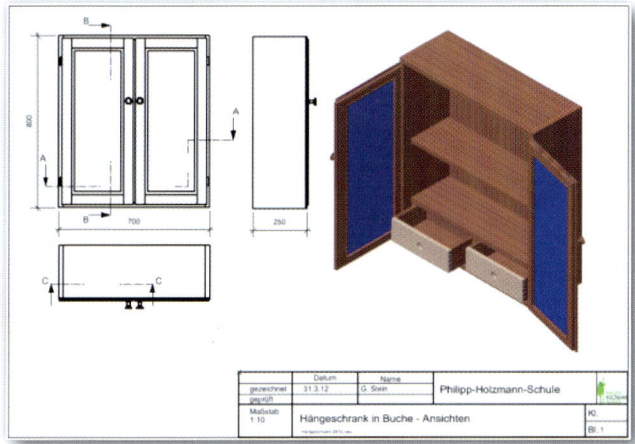

Für eine Präsentation können Sie noch eine **gerenderte Darstellung** erzeugen.

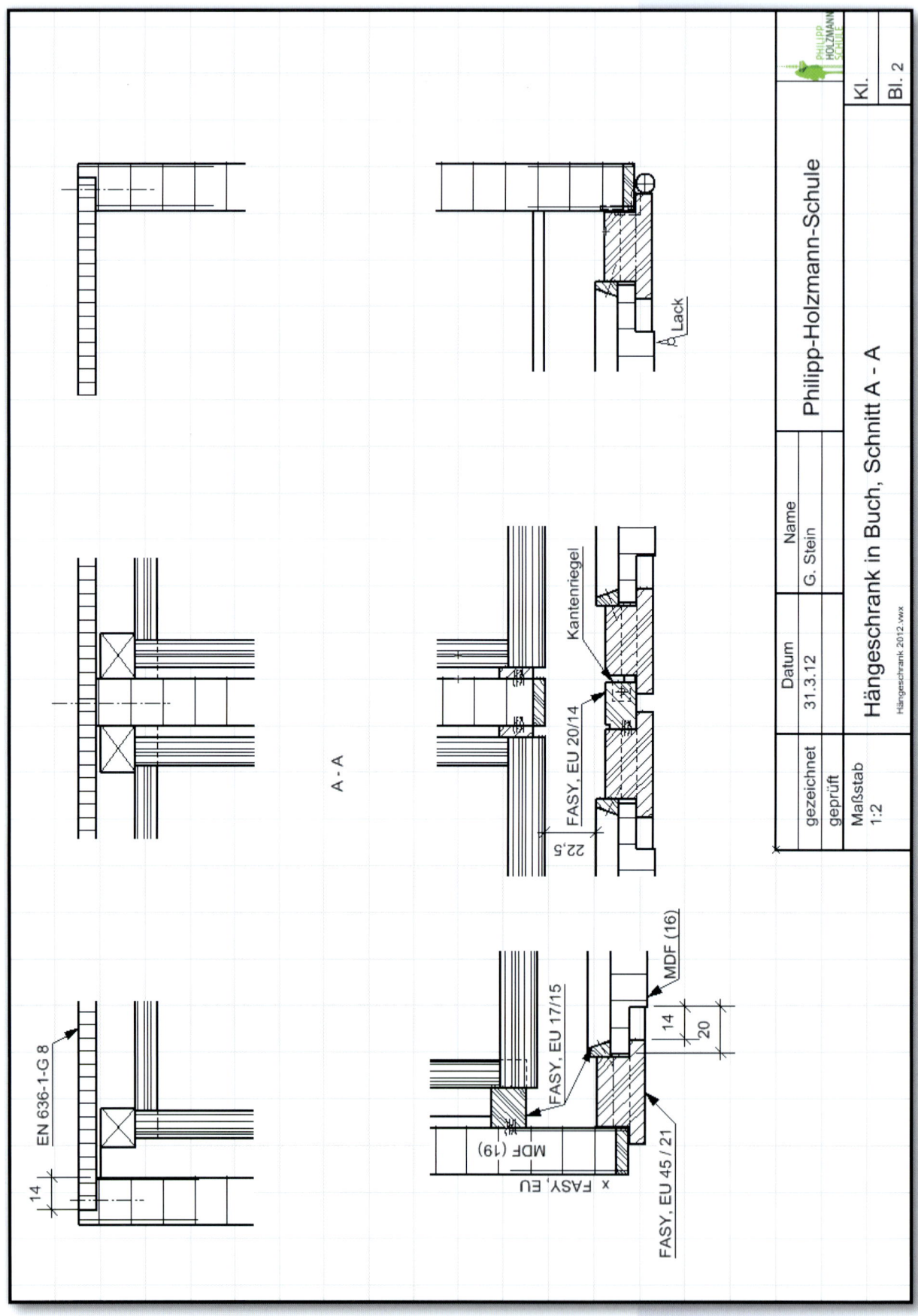

EN 636-1-G 8

FASY, EU 17/15

MDF (16)

MDF (19)

FASY, EU

FASY, EU 45 / 21

A - A

FASY, EU 20/14

Kantenriegel

Lack

	Datum	Name	
gezeichnet	31.3.12	G. Stein	Philipp-Holzmann-Schule
geprüft			
Maßstab 1:2			Hängeschrank in Buch, Schnitt A - A

Hängeschrank 2012.vwx

Kl.

Bl. 2

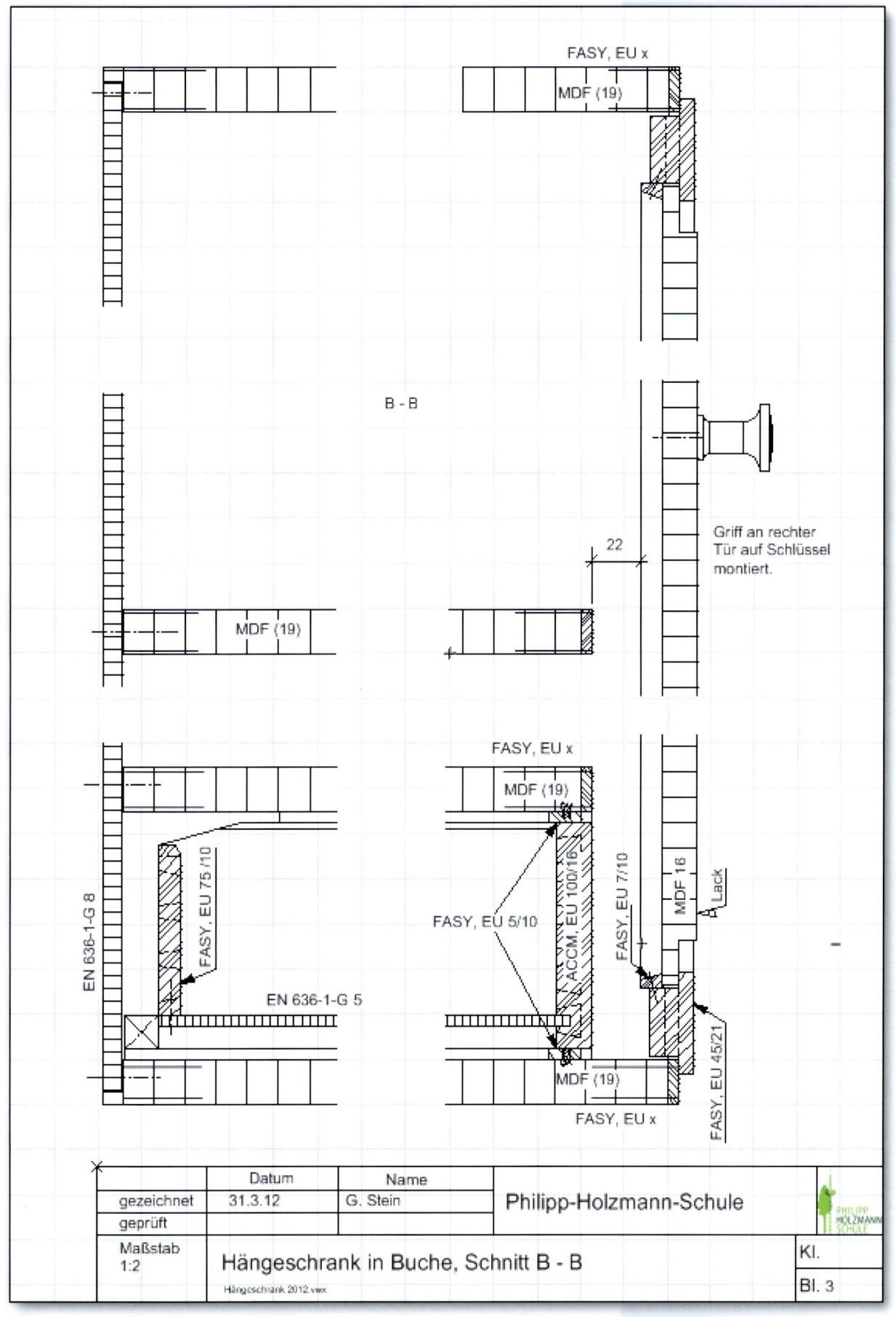

FASY, EU x

MDF (19)

B - B

22

Griff an rechter
Tür auf Schlüssel
montiert.

MDF (19)

FASY, EU x

MDF (19)

EN 636-1-G 8

FASY, EU 75 /10

EN 636-1-G 5

FASY, EU 5/10

ACCM. EU 100/16

FASY, EU 7/10

MDF 16

Lack

FASY, EU 45/21

MDF (19)

FASY, EU x

	Datum	Name			
gezeichnet	31.3.12	G. Stein	Philipp-Holzmann-Schule		
geprüft					
Maßstab 1:2			Hängeschrank in Buche, Schnitt B - B		Kl.
		Hängeschrank 2012.vwx			Bl. 3

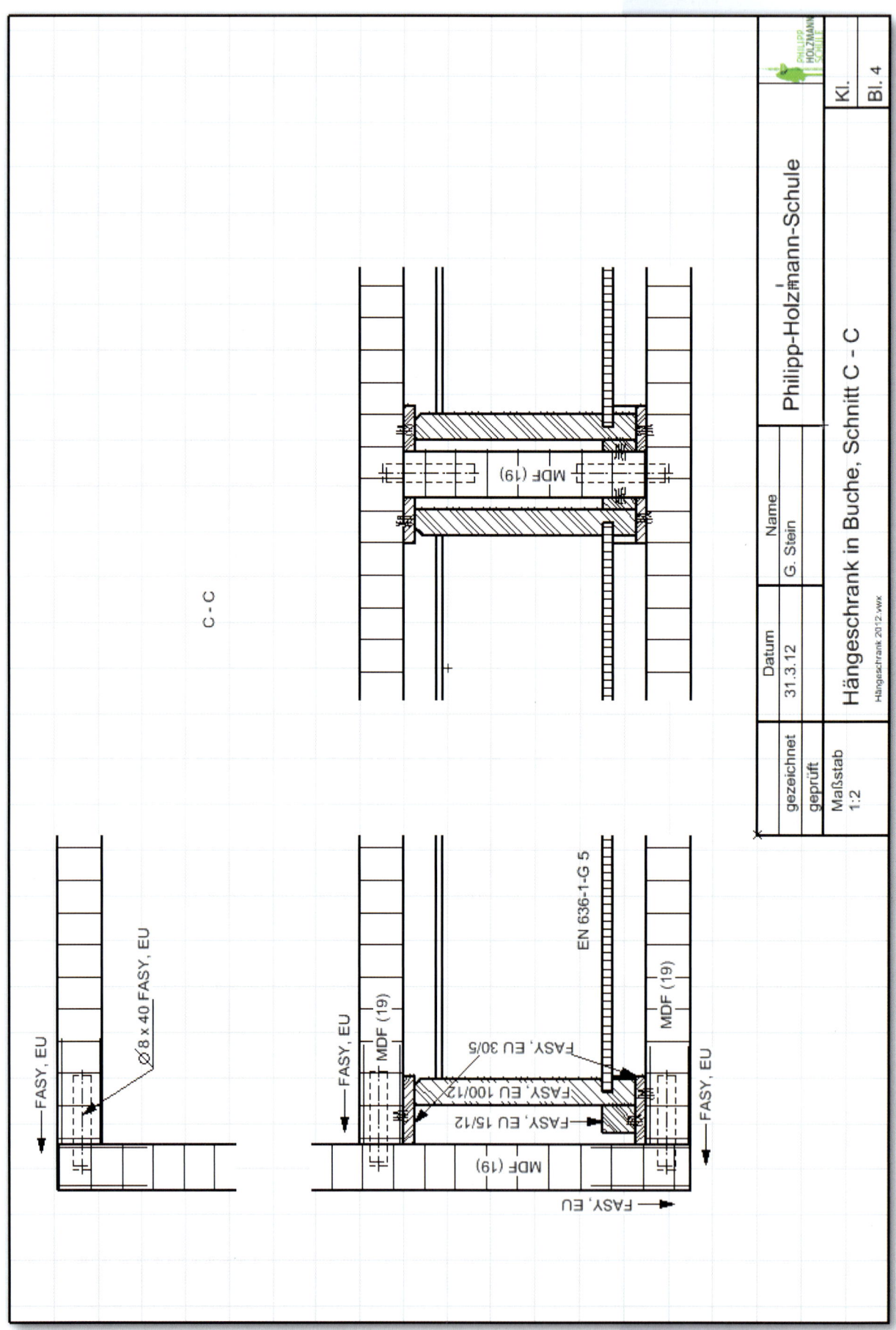

C - C

∅ 8 x 40 FASY, EU

FASY, EU

FASY, EU

FASY, EU

MDF (19)

MDF (19)

MDF (19)

EN 636-1-G 5

FASY, EU 30/5

FASY, EU 100/12

FASY, EU 15/12

MDF (19)

FASY, EU

	Datum	Name	Philipp-Holzmann-Schule
gezeichnet	31.3.12	G. Stein	
geprüft			Hängeschrank in Buche, Schnitt C - C
Maßstab 1:2			Hängeschrank 2012 vwx

Kl.

Bl. 4

5 Korpusgenerator

In den vorherigen Kapiteln haben Sie gesehen, wie mühsam das Zeichnen sein kann. Nun ist ein CAD-Programm eine große Arbeitserleichterung, aber könnte es nicht noch einfacher gehen? Abgesehen von Meister- und Gesellenstücken ähneln sich doch die meisten Möbel, die heute geplant und gebaut werden. Denken Sie nur einmal an Küchen- oder Einbauschränke. Genau hier setzt die Arbeitsweise eines Korpusgenerators an. Standardkonstruktionen können einfach abgerufen werden und man erhält eine Zeichnung, ohne auch nur eine Linie zu zeichnen.

Die Arbeitsweise mit dem Korpusgenerator soll am Beispiel eines in eine Nische eingebauten Einbauschranks gezeigt werden.

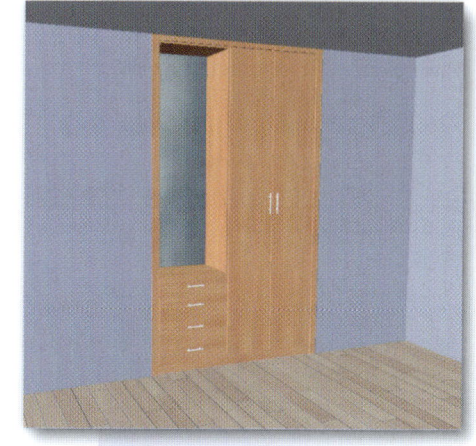

Übungsbeispiel Einbauschrank

Legen Sie eine Datei aus einer Ihrer Vorlagen an (z. B. DIN A2 oder größer), stellen Sie den Maßstab auf 1:10. Löschen Sie alle Klassen bis auf „Keine" und „Bemaßung".

Legen Sie eine neue Klasse mit der Bezeichnung „Wand" an und weisen Sie eine für Wände geeignete Schraffur zu.

Zeichnen Sie die **Wand mit Nische**:

- Wählen Sie die Werkzeuggruppe „Architektur".

- Zeichnen Sie mit dem Werkzeug „Gerade Wand" eine Wand mit einer 500 mm tiefen und 1500 mm breiten Nische. Sie können im Auswahlfeld „Wand" den Aufbau der Wand wählen, dies ist aber für diese Aufgabe nicht von Bedeutung.

- Wählen Sie als Methode „Rechter Rand der Wand".

- Geben Sie für jedes Wandstück das Maß über die Tabulatortaste ein und bestätigen Sie mit „Enter". Am Ende schließen Sie mit einem Doppelklick der linken Maustaste ab.

- Stellen Sie in der Infopalette die Höhe auf 2500 und weisen Sie der Wand die Klasse „Wand" zu.

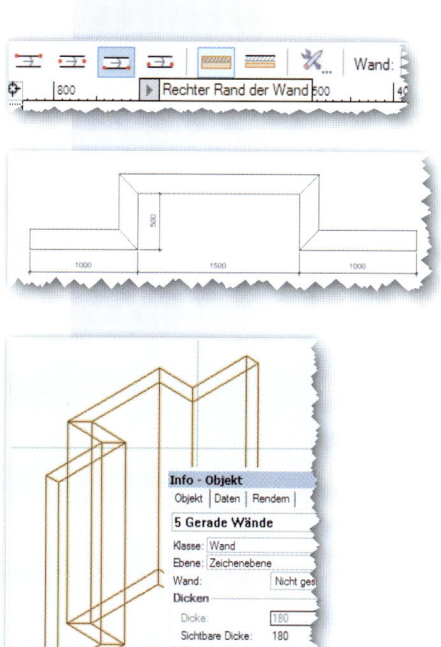

Erstellen des Einbauschranks

Wechseln Sie zur Werkzeuggruppe „interiorcad".

Wählen Sie das Werkzeug „Korpusmöbel".

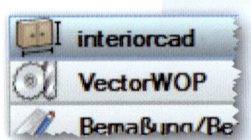

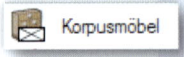

Am Cursor hängt jetzt ein Rechteck in gestrichelten Linien. Dieses Rechteck setzen Sie in die linke Ecke der „Nische". Richten Sie es an der „Wand" aus und bestätigen Sie mit linker Maustaste. Geben Sie die **Korpusaußenmaße** (1400, 2450, 450) des Einbauschranks in das sich öffnende Fenster ein. Diese Werte können Sie in den „Voreinstellungen" verändern.

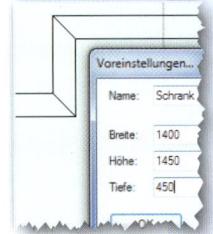

Kontrollieren Sie in der Infopalette, ob hier „Korpusmaß" aktiviert ist.

Verschieben Sie den Schrank über die „Infopalette" um je 50 mm in x- und y-Richtung.

Kontrollieren Sie das Ergebnis im Schrägbild.

Sie sehen, hier ist schon einiges „vormontiert".

Wechseln Sie wieder in die Ansicht „2D-Plan".

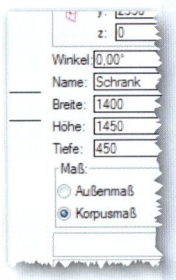

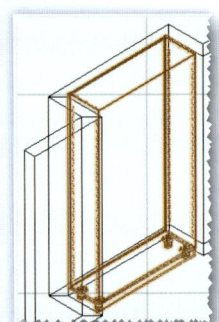

Mit einem Doppelklick auf den Möbelkorpus gelangen Sie zu der abgebildeten **Eingabemaske**.

In solche Masken werden alle Eigenschaften des Schrankes eingegeben und vom Programm dann in eine Zeichnung umgesetzt.

Hinter den Maßeingaben für die Schrankhöhe und -tiefe steht je ein kleiner blauer Kreis mit einem Ausrufezeichen in der Mitte. Dieses Zeichen besagt, dass die eingegebenen Maße nicht zum „System 32" passen. Die Korrektur nehmen wir jedoch später vor.

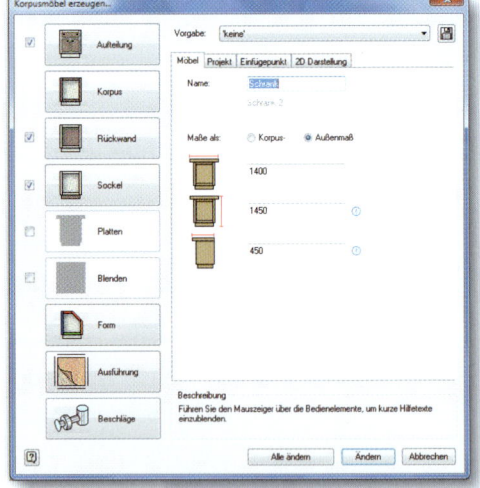

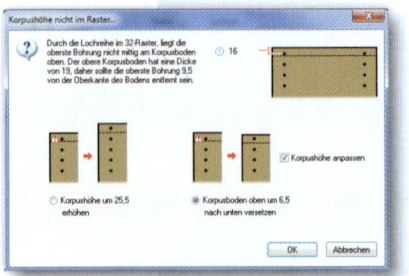

Mit einem Klick auf das Korpussymbol öffnet sich die abgebildete Maske.

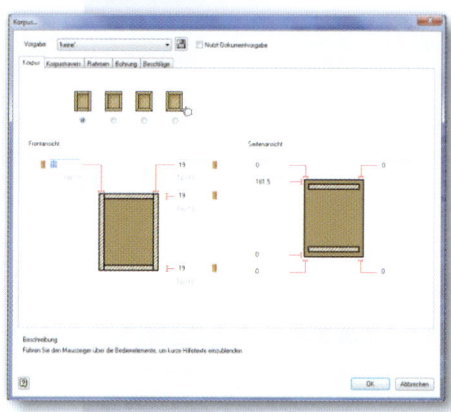

Die Voreinstellungen können Sie übernehmen.

Wechseln Sie zur Registerkarte „Bohrung".

Hier können Sie alle Einstellungen vornehmen, die zum **„System 32"** benötigt werden. Möchten Sie nicht nach diesem System konstruieren, können Sie die Bohrungen mit einem Klick auf die Bohrreihe ausschalten. Genauso können Sie auch eine zusätzliche Bohrreihe in der Mitte einschalten. Versuchen Sie es einmal.

Sie sehen wieder an mehreren Stellen blaue eingekreiste Ausrufezeichen. Hier müssen die Maße noch an das System 32 angepasst werden.

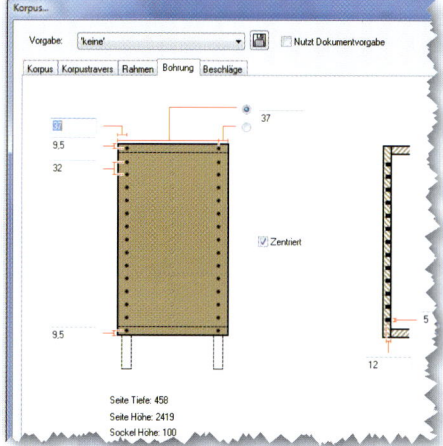

Klicken Sie auf das obere linke Ausrufezeichen.

Dem Vorschlag, die Korpustiefe zu ändern, können Sie folgen – zur Wand sind ja 50 mm Platz. Bestätigen Sie mit „OK".

Wählen Sie als Nächstes **Möbelverbinder** aus.

Wechseln Sie zur Registerkarte „Beschläge".

Vectorworks bietet hier als Voreinstellung je drei Dübel an. Wählen Sie zusätzlich noch Excenterbeschläge aus.

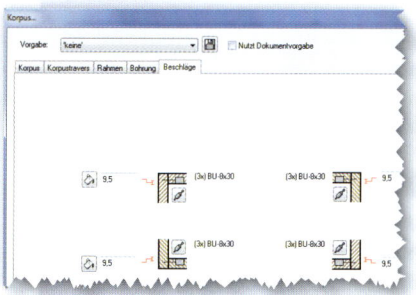

Klicken Sie hierzu auf ein Verbindersymbol.

Wählen Sie nun das Register „Verbinder" und Vectorworks bietet Ihnen unterschiedliche Verbinder an.

Wählen Sie Verbinder, Bolzen und Abdeckkappe aus, achten Sie darauf, dass der Verbinder einen Z-Wert von 9,5 hat und bestätigen Sie mit „OK".

Mithilfe des „Eimersymbols" können Sie die Auswahl auf alle vier Ecken übertragen.

Nehmen Sie jetzt die **Inneneinteilung des Schrankes** vor:

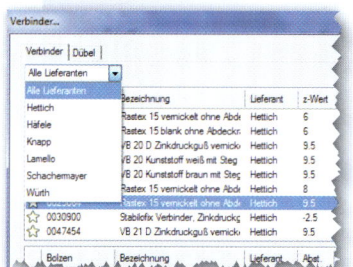

Klicken Sie auf „Aufteilung".

Wählen Sie das Symbol für die senkrechte Einteilung aus.

Der Schrank soll eine Mittelwand erhalten und das linke Schrankteil soll ein lichtes Maß von 600 mm erhalten. Geben Sie also bei „Anzahl" eine „2" ein und bei „Aufteilung" „600". Die folgende „0" bedeutet nicht, dass das Feld null mm breit sein soll, sondern die Null dient lediglich als Platzhalter für den Rest.

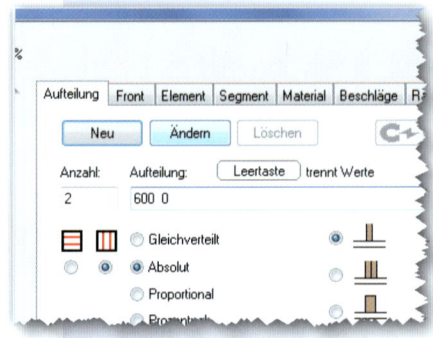

Bestätigen Sie durch Drücken der Taste „**Ändern**", nicht durch „ ↵ "!

Die rechte Schrankseite soll mit **zwei Türen** verschlossen werden.

Wählen Sie die rechte Seite an, sie erscheint jetzt etwas dunkler. Wechseln Sie zur Registerkarte „Front", setzen Sie ein Häkchen an das Türsymbol und wählen Sie „Glatt aufschlagend".

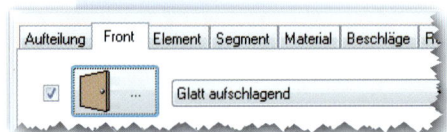

Klicken Sie das Türsymbol an und wählen Sie in der Eingabemaske die Doppeltür an, geben Sie für „Luft" je 5 mm ein und setzen Sie ein Häkchen an die Beschlagsymbole.

Klicken Sie auf ein Beschlagsymbol und wählen Sie ein Topfband mit Platte aus. Setzen Sie ein Häkchen an „Topfbandposition an Lochreihenraster ausrichten".

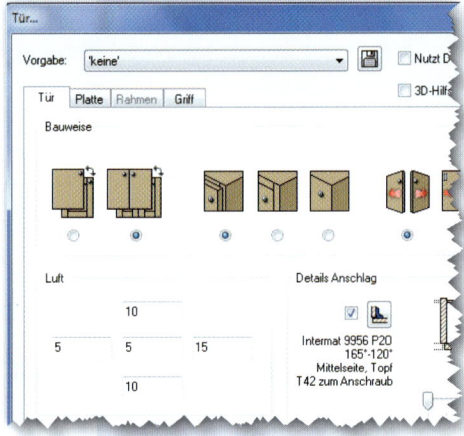

Klicken Sie das zweite Symbol an und wählen Sie auch hier ein Topfband aus. (Vielleicht sollten Sie bei Gelegenheit zu einem Katalog greifen und prüfen, ob die Topfscharniere auch geeignet sind ☺.)

Wechseln Sie zur Registerkarte „Griff" und wählen Sie einen **Griff** aus.

Die Position der Griffe können Sie entweder durch Anklicken auf dem Türsymbol oder durch die Eingabe von Abstandsmaßen verändern. Probieren Sie beides aus.

Haben Sie einen Stangengriff gewählt, können Sie auch die Ausrichtung durch Anklicken des Griffs im Symbol verändern.

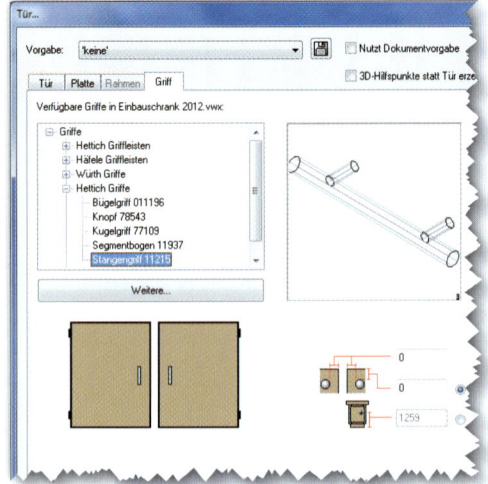

Möchten Sie das Ergebnis anschauen, verlassen Sie den Korpusgenerator mit „Ändern" und wählen eine geeignete Darstellungsart.

Auf jeden Fall sollten Sie daran denken, die Datei zu sichern.

Die linke Schrankseite soll im unteren Teil **vier gleich große Schubkästen** erhalten.

Teilen Sie die Seite zunächst in den Schubkastenteil und den Rest. Wählen Sie die linke Seite an, sie erscheint jetzt etwas dunkler als die rechte, und geben Sie für „Anzahl" „2" und für Aufteilung „650" ein. Wählen Sie außerdem noch das Symbol für Konstruktionsböden an und bestätigen Sie mit „Ändern".

Wenn Sie anschließend das „Hufeisensymbol" anwählen, wird der Abstand auf die Lochreihe angepasst.

Für den **Konstruktionsboden** benötigen Sie noch **Verbinder**.

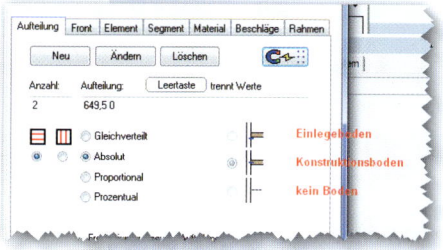

Mit einem Doppelklick auf den Boden gelangen Sie zu einer weiteren Eingabemaske.

Wählen Sie passende Korpusverbinder aus (siehe oben). Achten Sie darauf, dass die Verbinder einen Z-Wert von 9,5 haben.

Nehmen Sie nun die **Aufteilung für die Schubkästen** vor.

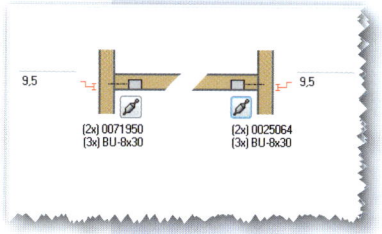

Wählen Sie den unteren linken Schrankteil an und übernehmen Sie die Einstellung gemäß Abbildung. Bestätigen Sie die Eingabe mit „Ändern" und passen Sie die Schubkästen durch Drücken des „Hufeisensymbols" der Lochreihe an.

Die Darstellung des Schrankes in der Eingabemaske sollte jetzt wie in der Abbildung aussehen.

Möchten Sie das Ergebnis überprüfen, bestätigen Sie mit „OK", in der nächsten Eingabemaske mit „Alle ändern" und wählen Sie eine geeignete Darstellungsart.

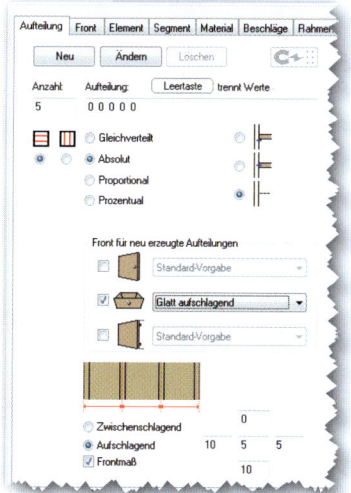

Kehren Sie zur Darstellung „Drahtmodell"zurück.

Im nächsten Schritt werden die **Schubkästen** fertiggestellt.

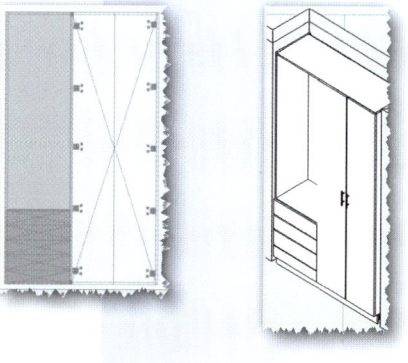

Klicken Sie einen an und Sie gelangen in die abgebildete Maske.

Wählen Sie als „Vorgabe" „Glatt aufschlagend".

Wechseln Sie zur Registerkarte „Kasten" und wählen Sie als Erstes einen Schubkastenbeschlag aus.

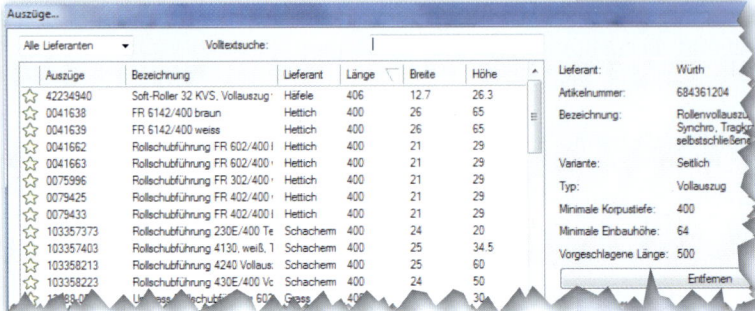

Wechseln Sie zur Registerkarte „Griffe", wählen Sie einen Griff aus.

Der Griff lässt sich so wie bei den Türen platzieren.

Bestätigen Sie mit „OK".

Sie können die Einstellungen mit der Kopier- und Einfügefunktion auf die anderen Schubkästen übertragen.

Möchten Sie sich das Ergebnis anschauen, so bestätigen Sie mit „OK" und verlassen den Korpusgenerator durch Drücken der Taste „Alle ändern".

Gehen Sie zurück in die Darstellung „Drahtmodell". Mit einem Doppelklick auf den Schrank gelangen Sie wieder in den Korpusgenerator.

Die **Sockelhöhe** haben wir samt **Stellfüßen** von Vectorworks übernommen. Natürlich können Sie auch hier alle Einstellungen ändern.

Klicken Sie das Feld „Sockel" an und Sie gelangen zu der abgebildeten Eingabemaske.

Übernehmen Sie die abgebildeten Einstellungen und wechseln Sie zur Registerkarte „Beschläge".

Wählen Sie passende „Füße" aus (Höhe 80 mm).

Bestätigen Sie mit „OK".

Jetzt fehlen noch die **Blenden**.

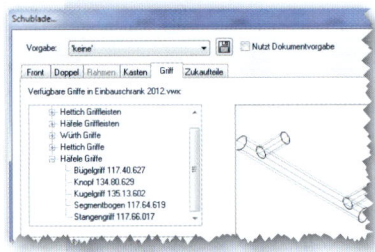

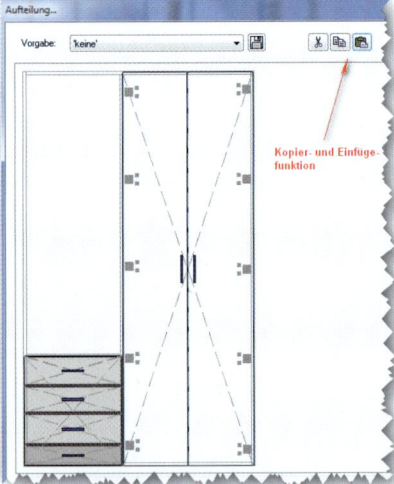

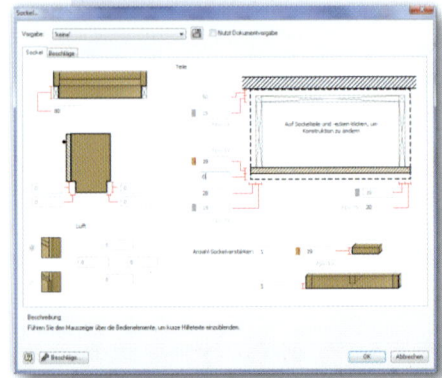

Setzten Sie ein Häkchen neben das Feld „Blenden" und klicken Sie das Feld an.

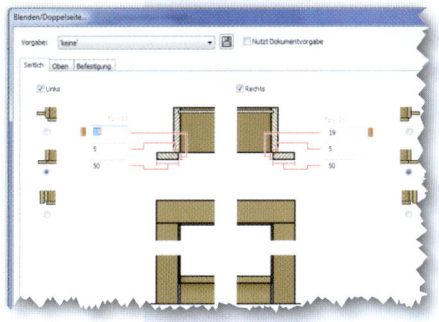

Übernehmen Sie die Einstellungen oder probieren Sie unterschiedliche aus und wechseln Sie zur Registerkarte „Oben".

Probieren Sie auch hier mehrere Einstellungen.

Wechseln Sie zur Registerkarte „Befestigung" und aktivieren Sie durch Anklicken die Halteleisten.

Bestätigen Sie mit „OK" und wählen Sie „Alle ändern", um die Ergebnisse zu sichern.

Kontrollieren Sie das Ergebnis in unterschiedlichen Ansichten und korrigieren Sie wenn nötig.

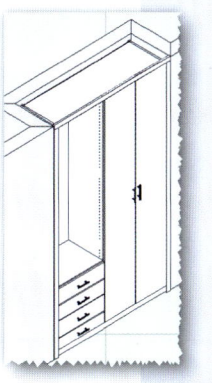

Der Schrank ist jetzt so weit fertig konstruiert. Die fehlenden **Kleinigkeiten**, wie z. B. Einlegeböden oder eine Kleiderstange, können Sie sicher selber ergänzen.

Ebenso können Sie über die „normalen" Zeichenfunktionen von Vectorworks noch Einzelteile hinzufügen. Sie könnten z. B. in das linke, offene Schrankteil einen Spiegel einbauen.

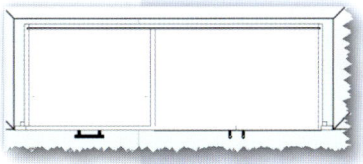

Sie können jetzt noch das **verwendete Material** auswählen bzw. verändern. Probieren Sie auch hier unterschiedliche Möglichkeiten aus. Speichern Sie unbedingt vorher Ihre Datei!

Klicken Sie auf das Feld „Ausführung".

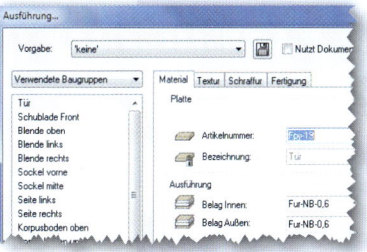

In der Maske sind alle Bauteile des Schrankes aufgeführt und allen Bauteilen sind Materialien zugeordnet. Verändern Sie hier die Materialien, so hat das **keine** Auswirkung auf Ihre Zeichnung. Diese Eingaben dienen dem Erstellen von Stücklisten.

Für die Zeichnung interessant ist aber die Verwendung von Vorgaben. Hier lässt sich nämlich mit einem Mausklick die Holzart aller Bauteile ändern.

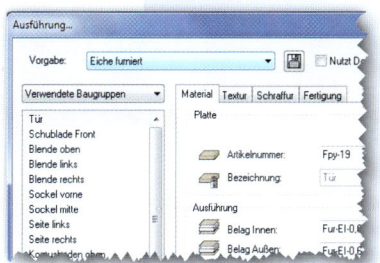

Probieren Sie verschiedene Einstellungen aus.

Möchten Sie unterschiedliche Holzarten verwenden oder Bauteile farbig gestalten, wechseln Sie zum Register „Textur".

In diesem Beispiel würden die Außenseiten des gewählten Bauteils blau dargestellt, die Kanten und die Innenseiten in Eiche.

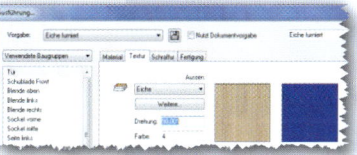

Probieren Sie auch hier verschiedene Einstellungen aus.

Planlayout

Für die technische Zeichnung müssen Sie den Bauteilen noch Schraffuren zuweisen. Auch das geht über den Korpusgenerator.

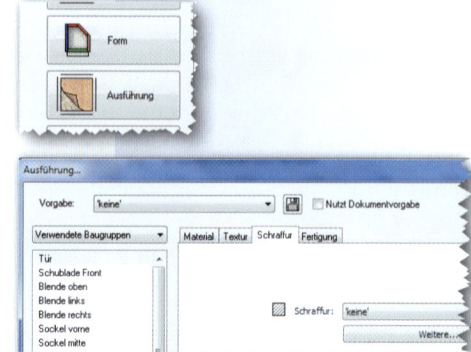

Wählen Sie wieder „Ausführung" und hier das Registerblatt „Schraffur".

In der linken Spalte werden alle Baugruppen, das sind die Einzelteile, aus denen der Schrank besteht, aufgelistet.

Klicken Sie auf das Feld neben „Schraffur", werden die zur Verfügung stehenden Schraffuren angezeigt. Unter „Weitere" können Sie Schraffuren des Programms verwenden.

Weisen Sie den Bauteilen Schraffuren zu. Orientieren Sie sich hierbei am (noch zu erstellenden) Horizontalschnitt. Selbstverständlich können Sie die Schraffuren später auch noch ändern bzw. über die „Klassensichtbarkeiten" anpassen.

Schließen Sie den Korpusgenerator und legen Sie jetzt eine **Ansichtsebene** mit Vorderansicht, Draufsicht und einer Perspektive in einem geeigneten Maßstab und einer druckbaren Seitengröße an. Sie können für das Schrägbild die Wände über die „Klassensichtbarkeiten" ausblenden oder über „Begrenzung" verkleinern.

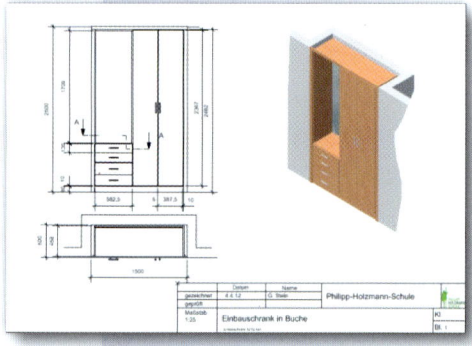

Tragen Sie die Hauptmaße ein.

Legen Sie eine **Schnittebene** durch den Schrank (Maßstab 1:1, neue Layoutebene).

Der Schnittverlauf sollte in etwa so aussehen wie in der Abbildung.

Wechseln Sie auf die Layoutebene des Schnittes, **begrenzen** Sie auf die notwendigen Teilschnitte und **beschriften** Sie über „Ergänzungen".

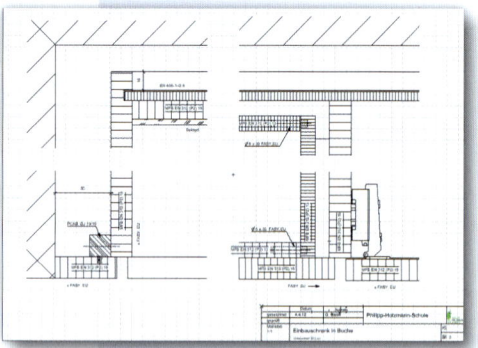

Legen Sie weitere Schnitte an und vergessen Sie nicht, Ihre Zeichnung zu speichern.

Präsentation

Im Folgenden werden wir den Schrank noch so darstellen, dass er bei einem eventuellen Kunden präsentiert werden kann. Eine Beschreibung zur „fotorealistischen Darstellung" sprengt allerdings den Rahmen dieses Buches. Hier sollen lediglich ein paar Anregungen gegeben werden.

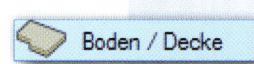

Für eine realistischere Darstellung fehlen noch **Fußboden, Decke** und evtl. eine **Raumecke**.

Wählen Sie die Werkzeuggruppe „Architektur". Legen Sie je eine Klasse für den Boden und die Decke an.

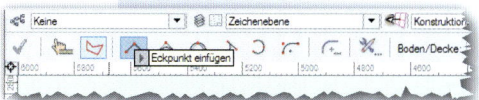

Zeichnen Sie die rechte Wand ein.

Wählen Sie das Werkzeug „Boden/Decke".

Stellen Sie in der Methodenzeile „Manuell anlegen" und „Eckpunkt einfügen" ein.

Zeichnen Sie den Boden einschließlich Nische mit einer beliebigen Fläche vor den Schrank.

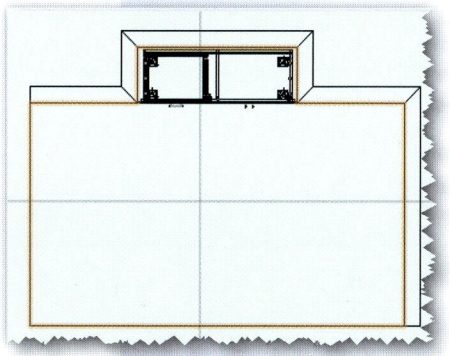

Kopieren Sie das Element mit „STRG + C " in den Arbeitsspeicher und fügen Sie es mit „STRG + ALT + V " (Einfügen am Ort) wieder ein.

Wechseln Sie in die Ansicht „Vorne".

Sie sehen, Vectorworks hat die Decke und den Boden unter den Schrank gezeichnet.

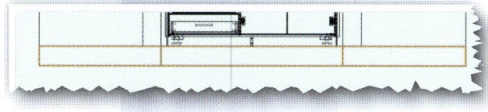

Verschieben Sie ein Element nach oben und weisen Sie den Elementen jeweils die Klasse Decke bzw. Boden zu.

Wechseln Sie auf die Ansichtsebene. Die Decke verdeckt jetzt den Schrank. ☹

Sie können jetzt zwar die Decke über die „Klassensichtbarkeiten" ausblenden, aber wir wollten ja eigentlich eine möglichst realistische Darstellung des Schrankes. Realistisch ist es aber nicht, auf einen Einbauschrank von oben herabzusehen. Das Schrägbild taugt also für eine realitätsnahe Darstellung nicht.

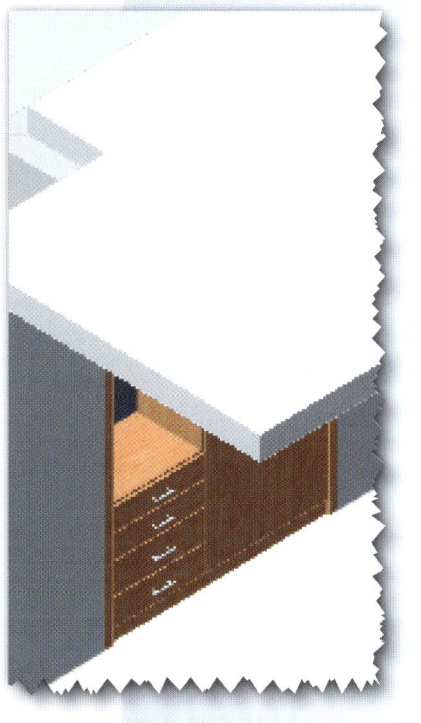

Eine einfache Methode, eine realitätsnahe Perspektive zu erstellen, finden Sie unter dem Menü „Ansicht" und hier unter **„3D-Ansicht festlegen"**.

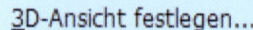

Nach dem Anwählen legen Sie den Standpunkt und die Blickrichtung des Betrachters fest.

Anschließend öffnet sich eine Eingabemaske, in die Sie die Augenhöhe, die Blickpunkthöhe sowie die Stärke der Verzerrung eingeben können. Die Augenhöhe richtet sich z. B. auch danach, ob der Betrachter steht oder sitzt. Die Blickpunkthöhe ist der Punkt, an dem der Sehstrahl das Objekt erreicht. Sie können nach oben, geradeaus oder nach unten blicken. Lassen Sie für den ersten Versuch die Einstellungen ruhig so, wie sie sind.

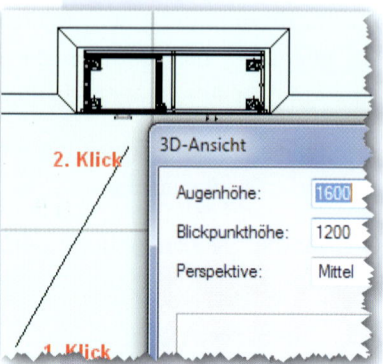

Den Bildausschnitt können Sie an den schwarzen Ecken verändern.

Wählen Sie als Darstellungsart „OpenGL".

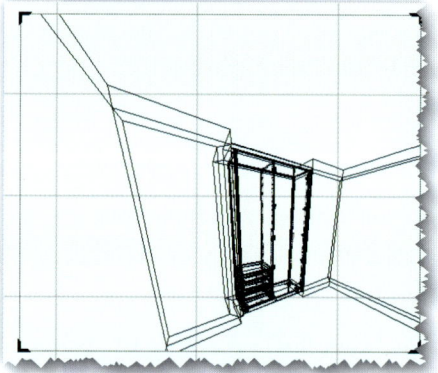

Sie können das Bild jetzt über „Ansicht" – „Ansichtsbereich anlegen" auf eine bestehende oder eine neue Layoutebene exportieren.

Eine weiter Möglichkeit, realitätsnahe Abbildungen zu erhalten, ist die Verwendung des Werkzeugs **„Kamera"** aus der Werkzeuggruppe „Visualisieren".

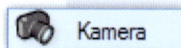

Wechseln Sie zur Konstruktionsebene, wählen Sie die Ansicht „2D-Plan" und die Darstellungsart „Drahtmodell".
Stellen Sie in der Attributpalette die Flächenattribute für
Boden und Decke auf „Leer". Ihr Kamerastandpunkt wird
sonst verdeckt. Wählen Sie einen Standort (1. Klick) und
eine Blickrichtung (2. Klick) aus.

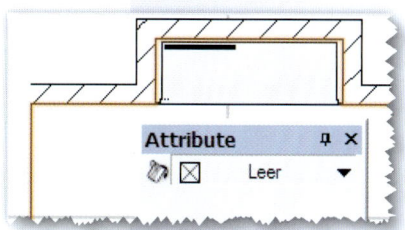

Beim erstmaligen Aufrufen dieses Befehls erscheint das abgebildete Fenster. Hier können Sie Einstellungen wie beim
„richtigen" Fotografieren vornehmen. Alle Einstellungen können Sie später über die Infopalette verändern.

Verändern Sie zunächst lediglich die Augenhöhe und die
Blickpunkthöhe. Als Darstellungsart wählen Sie „Drahtmodell", der Bildschirmaufbau geht hier am schnellsten. Sie
können, wenn Sie Ihre Einstellungen fertig haben, jederzeit
wieder auf OpenGL oder Renderworks umstellen.

Bestätigen Sie mit „OK".

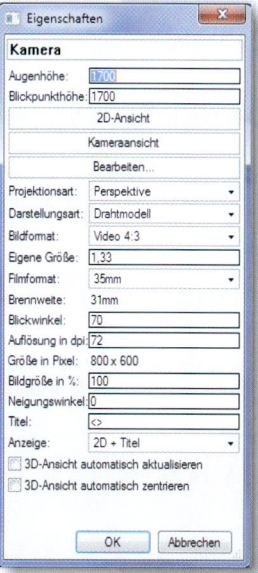

Wählen Sie nun „Bearbeiten" in der Infopalette an. Sie können in der sich öffnenden Maske die Einstellungen verändern
und gleich die Auswirkungen auf das Bild beobachten. Sollte
der Bildausschnitt zu groß oder zu klein sein, können Sie ihn
mithilfe der schwarzen Anfasspunkte verändern.

Wenn Sie mit der Ansicht zufrieden sind, bestätigen Sie mit
„OK". Speichern Sie Ihre Zeichnung!

Sollten Sie doch noch etwas verändern wollen, wechseln Sie
in der Layoutebene auf die Ansicht „2D-Plan". Markieren Sie
den „Kamerawinkel", in der Infopalette können Sie jetzt die
gewünschten Änderungen vornehmen.

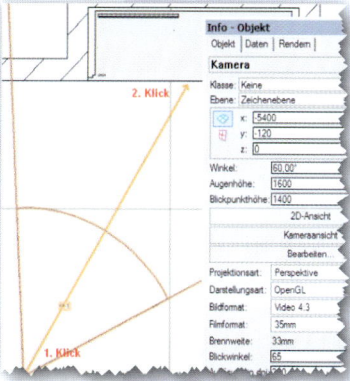

Wenn Sie jetzt noch die **Wände und die Decke „tapezieren"**
oder „streichen" und einen **Fußboden „verlegen"**, sieht Ihre
Zeichnung bestimmt schon ganz „echt" aus. Schauen Sie
doch einmal in die mitgelieferten Bibliotheken. Hier wird
einiges angeboten.

Sie können den Schrank auch noch **beleuchten**. Wie wäre es z. B. mit einer indirekten Spiegelbeleuchtung?

Wechseln Sie wieder auf die Ansicht „2D-Plan".

Wählen Sie in der Werkzeuggruppe „Visualisieren" „Lichtquelle" und dann „Lichtquelle des Typs Spotlicht" an.

Positionieren Sie ein oder zwei Lichter unter dem Oberboden über dem Spiegel. Das Positionieren geht genauso wie bei jedem anderen Objekt auch.

Experimentieren Sie auch mit Parallellicht. Parallellicht entspricht der Sonneneinstrahlung und kann also z. B. durch ein Fenster in den Raum fallen.

Kontrollieren Sie wieder das Ergebnis.

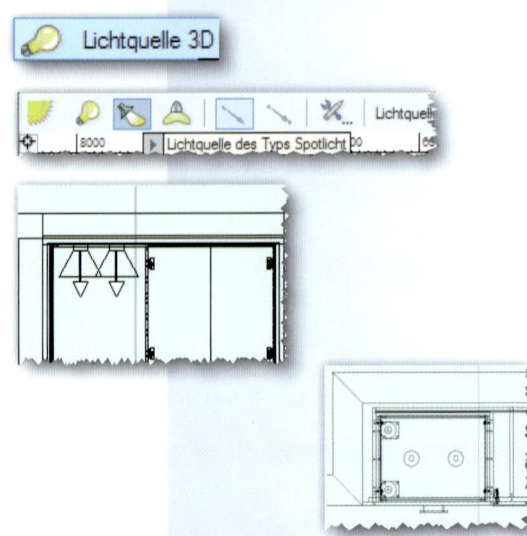

Sie können jetzt den **Raum** noch mit weiteren Gegenständen **einrichten**. Auch hier können Sie einiges in den Bibliotheken finden. Wenn Sie selbst gezeichnete Gegenstände einfügen wollen, speichern Sie diese als Symbol ab und fügen Sie sie über das Zubehör in die Zeichnung ein.

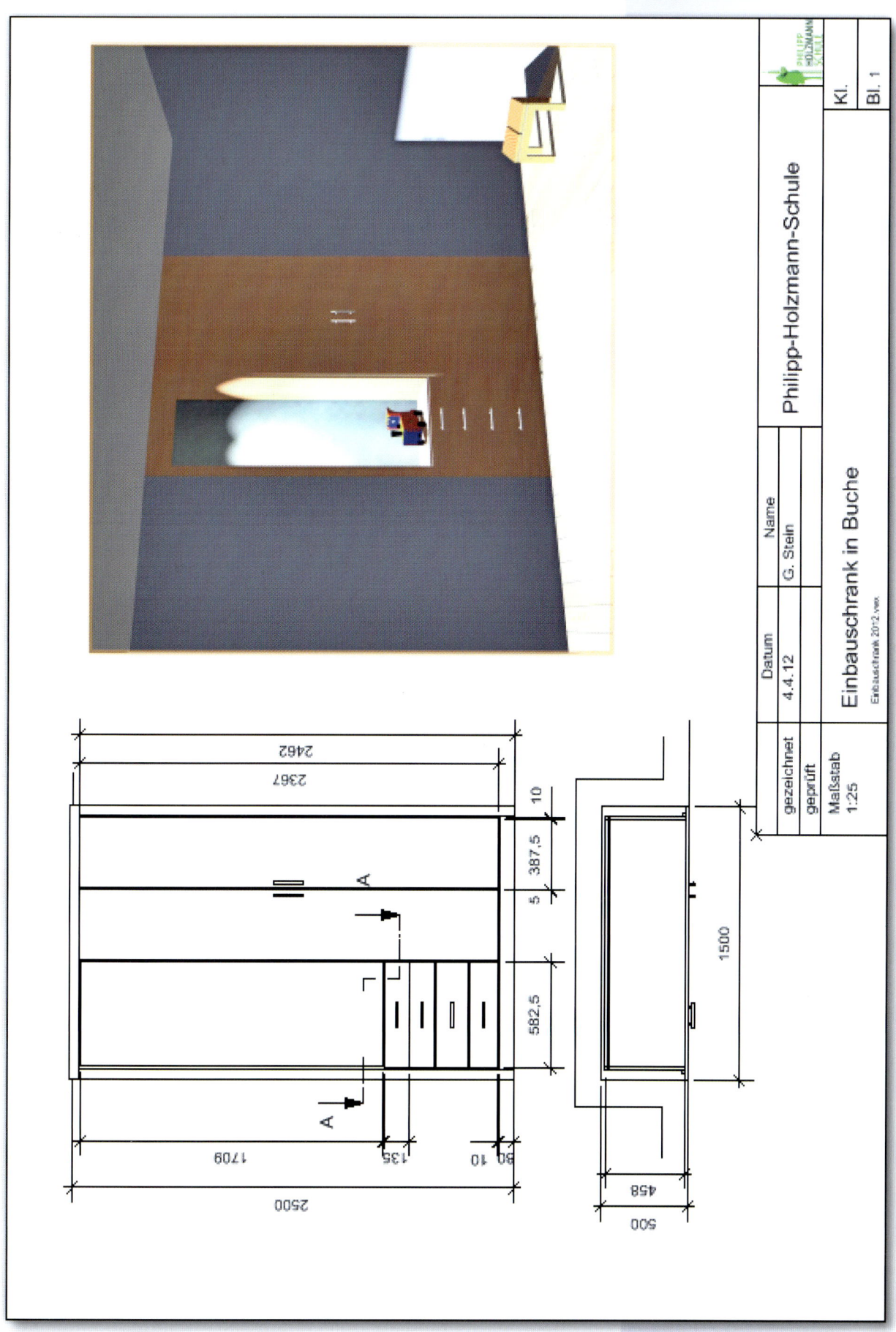

Datum	Name		
		gezeichnet	
4.4.12	G. Stein	geprüft	
		Maßstab 1:25	

Einbauschrank in Buche

Einbauschrank 2012.vwx

Kl.

Bl. 1

2462
2367
10
387,5
5
582,5
A
A
2500
1709
135
40
30

1500

458
500

Stichwortverzeichnis

Weiterführende Empfehlungen für den Bereich Holztechnik

- Mantel, Bernd: **CAD mit Vectorworks**, 3. Aufl., Books on Demand, Norderstedt 2010

- extragroup GmbH: **Vectorworks interiorcad – Aufbaukurs 3D-Design und Präsentation**, Münster 2008

- Welzel, Ole: „tischler-ole-welzel.de ein Onlinefachbuch nicht nur für Tischlerlehrlinge". URL: **http://www.tischler-ole-welzel.de** (gefunden am: 21.05.2012)

- ComputerWorks GmbH, URL: **http://www.computerworks.ch/forum/index.php** (gefunden am: 21.05.2012)

- Welzel, Ole (Hrsg.); Au, Günther; Heidsieck, Erich; Hellwig, Uwe; Jungebloed, Johannes; Welzel Ole: **Tabellenbuch Holztechnik.** 1. Aufl., Verlag Handwerk und Technik, Hamburg 2012

- Heidsieck, Erich (Hrsg.); Brinkschröder, Michael; Dyck, Stephan; Freiling, Ingken; Hansen, Peter; Hellwig, Uwe; Höpken, Hans; Laugwitz, Dr. Annette; Ludolph, Michael; Maier, Olaf; Mailänder, Uta; Meier, Katrin; Noldt, Dr. Uwe; Parey, Günter; Welzel, Ole: **Grundkenntnisse Holztechnik Lernfelder 1-4.** 1. Aufl., Verlag Handwerk und Technik, Hamburg 2012

Bildquellenverzeichnis